엄마도 아이도 행복한

비바리맘의
제주 태교여행

P 프로방스

비바리맘의 제주 태교여행

초판인쇄	2018년 08월 20일
초판발행	2018년 08월 25일
지은이	우희경
발행인	조현수
펴낸곳	도서출판 프로방스
마케팅	최관호 최문섭
IT 마케팅	신성웅
편집교열	맹인남
디자인 디렉터	오종국 Design CREO
ADD	경기도 고양시 일산동구 백석2동 1301-2 넥스빌오피스텔 704호
전화	031-925-5366~7
팩스	031-925-5368
이메일	provence70@naver.com
등록번호	제2016-000126호
등록	2016년 06월 23일
ISBN	979-11-88204-64-9 03590

정가 15,800원

엄마도 아이도 행복한

비바리맘의
제주 IN 태교여행

우희경 지음

"내 삶에 찾아 온 아기라는 기적"

"축하합니다. 임신 5주입니다"

삶의 갈림길에서 아이가 찾아왔다. 결혼 3년차. 오랜 난임으로 고생하던 나는 '아기 갖는 것은 내려놓자'라는 생각으로 새로운 인생을 준비하고 있었다. 나의 꿈을 위해 한발 도약을 하려는 때였지만 귀하게 얻은 아이라 나에게 찾아 온 도전의 기회조차 잠시 뒤로 미뤄야 했다. 그때부터였다. 시선을 돌려 뱃속 아이를 위해 태교에 공을 들인 것은. 태교 관련 책을 섭렵하고 관련 강의를 들으면서 임신 기간 280일을 그 누구보다 잘 보내리라 결심했다.

여자에서 엄마라는 타이틀을 처음 달게 해 준 뱃속 아이로 인해 임신 기간 하루하루가 소중하게 느껴졌다. 아이에게 무언가를 해 주고 싶었고, 좋은 것만 보여 주고 싶었다. 세상에 없던 작은 생명체가 내 뱃속에서 꿈틀꿈틀 대는 걸 느끼는 순간, 나에게는 전혀 안 생길 것

같았던 모성애도 같이 꿈틀대기 시작했다. 뱃속의 조그만 아이에게 내가 세상의 전부라고 생각하니 모든 것이 기적처럼 다가왔다. 나의 행동, 먹는 거 하나하나, 마음가짐 또한 더욱 조심스러웠다.

　주변의 임신 선배 맘들에게 태교에 대해 여러 조언을 구했다. 누구 하나 만족할 만한 태교에 대한 해답을 제시해 주는 이는 없었다. 태교 교실 강의 또한 실망스러웠다. 그래서 나 스스로가 후배 예비 맘들에게 태교 멘토가 되어야겠다고 생각했다. 그렇게 태교를 공부하고 내가 직접 해 보면서 임신 기간을 행복하게 보낼 수 있었다.

　태교 법 중 하나인 태교여행 또한 마찬가지였다. 나의 뱃속 아이를 위한 행복한 태교 여행을 하고 싶었다. 하지만 태교 여행을 왜 가야 하는지에 대한 해답을 제시하거나 제대로 된 태교여행에 대해 알려주는 이는 없었다. 임신 5개월 차, 더 적극적으로 태교를 하기 위해 태교 여행지를 알아보던 중 이동거리가 비교적 짧은 나의 고향 제주로 태교 여행을 떠났다. 그때 제주의 자연 환경이야 말로 임산부의 기분 전환과 태교에 좋은 영향을 미친다는 걸 깨달았다.

　당시 제주와 서울을 오가며 주말부부 생활을 해왔던 나는 출산 휴가를 일찍 받고 제주로 내려갔다. 그러면서 출산 전까지 제주의 자연 환경을 오롯이 느끼며 행복한 태교를 할 수 있었다.

　둘째 임신기간도 마찬가지였다. 제주에 살며 일상 태교 여행을 통해 육아와 나의 꿈 사이에서 느꼈던 괴리감으로 힘들었던 임신기간을 즐기면서 보낼 수 있었다. 제주의 파란 바다가 예민하고 우울한 나의 기분을 풀어 주었고, 푸른 숲이 육아로 지친 나의 마음을 어루만져 주었다.

그런 여행에서 나 또한 성장했다. 두 아이의 엄마가 되어야 한다는 부담감과 불안은 강한 자신감과 설렘으로 바뀌었고, 잠시 접어 둬야만 했던 나의 커리어에 대한 걱정도 새로운 기회로 볼 수 있는 안목이 생겼다. 그렇게 나는 진정한 '엄마'가 되었다.

여자로 태어나 처음 겪는 임신이라는 축복이 설레기도 하지만, 때론 두렵고 불안하기도 한 예비맘들을 가슴깊이 이해한다. 임신으로 겪게 되는 호르몬과 몸의 변화로 맞딱드리게 되는 불안과 고민을 혼자만 떠안으려 하지 말고 제주의 파란 바다를 보고 푸른 숲을 거닐며 나눠 보는 것은 어떨까. 앞으로 겪게 될 육아의 세계, 엄마로서의 성장통을 제주 태교여행을 통해 마음을 다 잡아 보는 기회로 삼길 바란다.

홀몸이 아닌 상태에서 내 스스로 태교 멘토가 되겠다는 사명감으로 제주를 여행하고, 책쓰는 태교를 하며 뱃속의 둘째와 함께 이 책을 완성할 수 있었다. 태교와 태교여행을 고민하고 있는 많은 후배 예비맘들에게 이 책을 통해 종합 선물 세트를 받는 거 같은 기분을 느끼게 해 주고 싶었다. 임신 시절의 몸과 마음의 변화가 당신만 겪는 힘든 일은 아니라고. 태교를 통해 즐겁게 임신 기간을 보낼 수 있다고 말하고 싶었다. 그리고 이 책이 힘든 임신기간 힐링 할 수 있게 도움이 되었으면 한다.

이 책이 나오기까지 도움을 주신 많은 분들께 감사함을 전한다. 먼저 함께 태교에 동참해 주고, 홀몸이 아닌 아내가 책을 쓸 수 있게 도와준 남편 현재성에게 고맙다고 말하고 싶다.

이 책의 주인공이자 나에게 책을 쓰도록 영감을 준 두 아들 우주와 윤재에게 무한한 사랑을 전한다. 주말마다 제주 곳곳을 갈 수 있도록 첫째의 육아를 도와준 시부모님, 정신적으로 많이 지지해 주신 친정 부모님께도 감사하다. 이 책의 출간을 위해 적극 지원해 준 출판사 조현수 대표님과 편집자님, 관계자 분들에게도 감사하다.

나는 더 많은 사람들에게 태교의 관점에서 제주의 가치를 알리고자 네이버 카페 '제주태교여행연구소'에서 후배 엄마들과 소통을 하고 있다. 힘들다면 힘든 280일의 임신기간. 혼자하면 힘들지만 같이 하면 즐기면서 할 수 있는 게 태교이기에, 행복한 임신 기간으로 보내고 싶은 많은 예비 맘들을 응원하며 그곳에서 여러분을 기다리고 있겠다.

2018년 8월

우희경

Contents | 차례

이왕 가는 태교 여행이라면
기분전환과 휴식을 넘어 뱃속 내 아이에게
아름다운 자연환경을 보여주면 어떨까.
소중한 아이에게 내 눈을 통해
밝은 에너지를 전달해 주는 것이다.
제주는 이런 면에서 가격대비 만족도가 높은
태교여행지임에 틀림이 없다.

CHAPTER

01

보고 즐기며 아이와
마음을 나누다

'가고 싶은 태교 여행지 1위 제주'
많은 임산부들이 선택하고
좋았던 경험이 많다는 뜻일 것이다.
나는 이런 제주에 살며 일상 태교 여행을
할 수 있어 감사하고 행복하다.

01

왜 태교 여행을 떠날까?

내가 첫째 아이를 임신하고 5개월쯤 되었을 때의 일이다. 제법 배가 나오고 누가 봐도 임산부임을 알 수 있을 때였다. 회사에서 만나는 사람들이나 가끔씩 만나는 친구들은 나를 보면 꼭 한번씩, "태교 여행은 어디로 가?"라고 묻곤 했다. 나는 태교 여행을 심각하게 생각해 본 적이 없어서 그냥 "알아보고 있어"정도로만 대답했다. 당시 나는 '태교 여행은 왜 가야 하지'라는 의문을 품은 채 남들 다 가니까 가는 건가보다, 라고 생각했다. 그러곤 나보다 먼저 임신을 했던 친구들이나 회사 지인들에게 조언을 구했다.

"나는 괌 갔는데…거기 아이 옷이 우리나라보다 싸거든. 태교 여행이라고 별거 있니? 그냥 리조트에서 쉬고, 쇼핑하다 오는 거지 뭐."

"나는 세부 갔는데…그냥 리조트에서 쉬고 왔던 기억밖엔 없어"

"나는 하와이 갔는데…말만 태교 여행이지 호텔에서 쉬다 왔어"

누구 하나 인상에 남는 태교 여행기를 말해 주거나, 어떤 태교를 하다 왔는지는 말해 주지 않았다.

나는 맘까페와 여행사 홈페이지를 보면서 태교 여행 정보를 찾아봤다. 거기에 소개되는 태교 여행은 일반 여행과 다를 바가 없었다. 여행사의 태교 여행 상품들은 하나같이 유명 호텔에 머물며 관광과 쇼핑을 즐기는 상품밖에 없었다. 맘까페 후기들을 보면, 해외 태교 여행지라고 해도 미국식 창고형 마트나 면세점에서의 쇼핑 일정이 주를 이루고 있다고 했다. 그런 관광식의 태교 여행은 가고 싶지 않았다.

나는 또다시 '아니 도대체 왜 태교 여행을 가는 거지?' 궁금해졌다. 임신을 했던 지인들에게 태교 여행을 왜 가냐고 질문을 했다. 그들은 하나같이 애 낳으면 여행을 못 가기 때문에 뱃속에 있을 때 한 번이라도 더 나갔다 와야 한다는 대답을 했다. 태교 여행의 주체가 뱃속 아이가 아닌 '엄마·아빠'였던 것이다. 내가 아무리 여행을 좋아하는 사람일지라도 아이를 낳은 후 못 누리는 자유를 앞당겨서 사용하고 싶지는 않았다. 이런 생각이 드니 가야 되나 말아야 되나 계속 고민이 되었다.

미국이나 유럽 같은 선진국에서 발달한 태교 여행은 임신 기간 동안 생기는 부부간의 스트레스를 잊고 건강한 아이를 낳기 위해 휴식을 취한다는 개념이다. 미국의 안젤리나 졸리-브레드 피트가 이혼 전 아프리카 나미비아의 해안가 휴양지 고급 리조트에서 한 달간 베이비 문(태교여행)을 즐긴 것이 알려지면서 태교여행이 유행하게 되었다.

《태교 코칭》의 저자 송금례 교수는 임신으로 겪게 되는 여러 가지 변화로 임산부가 감정 조절에 어려움을 겪는다고 말한다. 감정 조절이 어려워지면 우울증이 생기고 우울증이 심해지면 태아도 많은 영향을 받을 수 있다는 것이다. 이럴 때 여행을 떠난다는 설렘이 기분 전환이 되어 우울증 치료제가 될 수 있으므로 태교 여행이 긍정적인 영향을 준다고 역설한다.

임신을 하면 여성 호르몬의 증가, 몸매의 변화, 출산과 육아에 대한 부담 등 많은 변화를 경험하게 된다. 몸매의 변화와 출산에 대한 부담은 기분을 우울하게 만들기도 한다. 호르몬의 변화는 사소한 일에도 민감하게 반응하게 된다. 평소에는 그냥 흘려보냈을 말도 임신할 때는 크게 다가온다.

나 또한 그랬다. 오랜 만에 만난 친구가 "너는 임신해도 살이 많이 안 찔 줄 알았는데…너도 어쩔 수 없구나…살이 많이 올랐네", "너 주수에 비해 배가 작은 거 같은데, 아이도 작은 거 아니야?", "요즘은 딸이 좋다던데…아들 낳으면 키우기만 힘들데" 이런 이야기를 들을 때마다 나는 평소보다 더 많이 스트레스를 받았다.

특히 남편이 하는 말에는 더욱 상처를 받았다. "이제 자기도 아줌마

왜 태교 여행을 떠날까.

되는 거야?", "자기 임신할 때만 살찌고 다시 돌아오는 거겠지?"라는 말을 들으면, 소중한 아이를 잉태했다는 기쁨도 잠시 자꾸 자신감을 잃고 우울한 기분이 들었다. 안 그래도 '아이 낳고 남편이 예전처럼 날 사랑하지 않으면 어떡하지?, '애 낳기 전 몸매로 돌아갈 수 없는 건 아니겠지' 이런 저런 생각이 많아진다. 그러니 지나가면서 하는 주변 사람의 말도 임산부에겐 크게 다가오기 마련이다. 이럴 때 임산부의 기분 전환과 부부의 사랑을 다시 느끼기 위해 태교 여행을 떠난다면 참 의미 있는 여행이 될 것이다.

나는 '그렇다면 나는 왜 태교 여행을 고민하지?'라는 의문을 갖고 그 해답을 생각해 봤다. 나는 결혼 3년 만에 어렵게 아이를 가졌다. 자연적으로 임신되길 바라며 따로 피임도 하지 않았다. 남들은 허니문 베이비다. 혼수로 아이를 가졌다. 애가 빨리 생겨 신혼이 없다 아쉬운 소리를 할 때 나는 임신이 안 되어 조급했다. 장손인 아들이 늦게 결혼한 탓에 빨리 손자를 보고 싶었던 시부모님은 본인들도 모르게 자꾸 아이를 낳으라며 재촉했다. 그럴수록 나는 남편이 미워지기도 했다. 빨리 아이를 가지려면 남편과 함께 할 기회가 많아야 하지만 우리는 신혼 초부터 주말부부로 지내야 했기에 아이가 안 생기는 것이라고 생각했다. 다시 합가를 했을 때, 남편이 너무 바쁘고 머리를 많이 쓰는 직업이라 아이가 안 생기는 것은 아닐까 생각도 했다.

나는 아이가 잘 생긴다는 전국의 한의원을 찾아 한약을 챙겨 먹었다. 매일 요가를 하고, 애호 식품인 커피도 끊으며 아이를 빨리 갖기 위해 노력했다. 그럴수록 아이는 더 생기지 않았다. 결국 난임 병원까지 가서 진단을 받고 인공 수정까지 하기에 이르렀다. 매주 가서 검사를 받고 배란 유도제 주사를 맞으면서 힘들었지만, 아이를 생각하며 고통을 참아내었다. 그렇게 병원에 다니며 두 번의 시술을 했다. 한 번은 실패, 한 번은 자궁 외 임신이었다. 처음 '자궁 외 임신'이라는 말을 들었을 때 세상이 무너지는 줄 알았다.

아이를 갖기 위해 3년이나 공을 들였는데, 자궁 외 임신이라니! 마음을 추스르며 힘든 시기를 이겨내고 아이를 천천히 갖자고 마음을 비웠을 때 첫 아이가 생겼다. 그렇게 어렵게 가진 아이였지만 임신 초기에 유산기가 있어 하혈을 할 때마다 병원 신세를 지었다. 그래도 그 아이는 잘 버텨 주었고 임신 5개월이 지나 안정기가 되었다. 그쯤 내가 태교 여행을 가야지 생각했던 건, 그렇게 힘들게 지켜낸 내 아이가 너무 소중해 좋은 것만 보여주고 싶어서였다.

당시 나는 항공사 지상직으로 김포공항에서 근무했다. 직업 특성상 매일 손님의 클레임을 피할 수 없었다. 클레임을 들을 때마다 내 뱃속의 아이에게 너무 미안했다. 일이 끝나고 집으로 돌아갈 때마다 보이는 고층 건물들과 회색 하늘, 차 소음 뭐 하나 내 아이에게는 좋지 않은 환경이었다.

일이 힘들 때면 나는 항상 제주도의 파란 하늘과 바다를 보며 힐링

했던 때를 떠 올렸다. 제주도에 살 때는 마음만 먹으면 한 시간 내에 바다를 보러 갔다 오고, 산이나 숲도 갈 수 있었다. 내 아이에게도 파란 하늘과 바다, 푸른 자연을 보여준다면 얼마나 좋을까라는 생각에 미쳤다. 내 눈을 통해 내 아이에게 예쁘고 아름다운 세상을 보여주며 밝은 에너지를 느끼게 해 주고 싶었다. 그런 이유로 가는 태교 여행이라면 즐겁게 갈 수 있을 거라 생각했다. 그렇게 해서 나의 태교 여행은 나의 고향 '제주도'가 되었다.

지금 이 시간에도 많은 임산부들이 나처럼 뱃속 아이를 위해 부푼 꿈을 갖고 태교 여행을 열심히 찾고 있을지 모른다. 하지만 남들이 가니까 휩쓸려서 가는 태교 여행은 추천하지 않겠다. 진정한 태교 여행의 목적은 임산부의 기분 전환을 통한 행복한 태교로 이어지는데 있다. 또한 이 기회로 여유롭게 쉬면서, 아이를 낳기 전 남편과 함께 아이를 어떻게 키울 것인지 생각해 보았으면 한다. 앞으로 펼쳐질 육아는 임신 기간보다 더 힘들다. 그 시간을 버티게 하는 건 임신 기간부터 행복한 추억을 많이 만들고 서로를 많이 배려하는 힘을 키우는 것이다. 이왕 가는 태교 여행이라면 기분전환과 휴식을 넘어 뱃속 내 아이에게 아름다운 자연환경을 보여주면 어떨까. 소중한 아이에게 내 눈을 통해 밝은 에너지를 전달해 주는 것이다. 제주는 이런 면에서 가격대비 만족도가 높은 태교여행지임에 틀림이 없다.

02

뱃속 아이와 처음 떠나는
태교 여행

아이를 가졌다는 걸 처음 알던 때가 기억난다. 난임으로 고생하던 나는 인공 수정으로 임신된 것을 알았다. 뛸 듯이 기뻤다. 기쁨도 잠시, 오르지 않는 피 수치와 임신 5주가 되었음에도 아기집이 보이지 않았다. 자궁 외 임신이라는 진단을 받았다. 그리고 유산을 했다. 유산이라는 아픈 경험을 가슴속에 묻어두고 마음을 비우는 순간 나에게 '보물이' 라는 아기 천사가 찾아왔다. 얼마나 귀하게 얻었으면 내 인생의 보물이라는 뜻으로 태명도 '보물이' 라고 지었다. 보물이를 안전하게 세상 밖에서 보기까지 나는 임신 기간 내내 많은 공을 들였다. 아이를 갖기 전 여행을 인생의 가장 큰 낙으로 삼아온 나였지만 임신 기간 내내 안전하고 또 안전한 길만을 택했다.

태교 여행 또한 마찬가지였다. 평소의 나 같으면 '지금 아니면 내가 언제 나갔다 오겠어' 라며 주위의 반대를 무릅쓰고 겁 없이 먼 길을 떠났을 것이다. 하지만 보물이가 내 뱃속에서 꿈틀꿈틀 대는 것을 느끼면서 나는 '나' 보다 '아이' 를 먼저 생각하게 되었다. 내가 이렇게 모성애가 강했나를 처음 느껴 봤다. 강한 나의 모성애는 나의 역마살도 가라 앉았고, 모든 나의 선택을 뱃속 아이 중심으로 하게 만들었다.

뱃속의 아이와 처음 떠나는 여행이었기에 모든 것이 조심스러웠다. 좁은 비행기 일반석에 두 시간 이상 앉아 있으면 혹시라도 무리가 되진 않을까? 에서부터 해외에 나갔다가 응급 상황이라도 발생하면 병원은 어떻게 하지? 등등 나의 걱정은 꼬리에 꼬리를 물었다. 그래서 태교 여행도 해외로 나가지 않고, 비행기 한 시간 거리인 '제주도' 로 선택했다.

태교 여행은, 외국에서는 베이비 문(baby moon)이라고 불리는데 베이비(baby)와 신혼여행을 뜻하는 허니문(honeymoon)의 합성어로 뱃속 아이와 함께 신혼여행 기분을 즐기는 여행이다. 그렇다면, 뱃속의 아이도 즐겁고 엄마 아빠도 즐거운 여행이 되어야 하는 것이다. 그런데 엄마가 조금이라도 불안하거나 걱정하는 마음이 드는 여행지라면 피하는 것이 좋다.

태교 여행이 베이비와 허니문의 합성어인 것처럼, 태교 여행을 계획하고 있는 예비 엄마라면 남편과 함께 갔던 허니문을 먼저 떠 올려봤으면 한다. 허니문을 준비할 때 가슴이 뛸 만큼 설랬을 거고, 허니문에서 남편과 함께 즐기며 앞으로의 결혼 생활에 대해 이야기도 해 봤을 것이다. 그처럼 태교 여행 또한 준비하는 과정에서의 설렘을 시작으로, 앞으로 엄마 아빠가 되는 마음가짐에 대해 대화를 나누는 기회이다.

나의 지인 Y는 바쁜 직장 생활로 태교를 거의 하지 못했다. 태교는 커녕 몸이 힘드니 잠이 빨리 들어서 남편과의 대화도 임신 전보다 줄었다고 하소연했다. 그래서 뱃속 아이에게 항상 미안하다고 했다. 그녀는 휴가를 내서 태교 여행을 다녀온다고 했다. 며칠 후 태교 여행을 다녀온 그녀는 한층 밝아져 있었다. 여행을 하면서 마음에 여유가 생기자 진지하게 남편과 엄마 아빠가 될 이야기도 나누었다고 했다. 무엇보다 뱃속 아이에게 그동안 못했던 태담을 원 없이 했다고 좋아했다.

뱃속 아이와 처음 떠나는 여행이라면, 좋은 환경에서 맛있는 음식을 먹는 것도 중요하다. 더 나아가 나의 지인 Y처럼 뱃속 나의 아이와 공감하고 태담을 많이 해 주는 여행이 되었으면 한다. 그래야 아이에 대한 애착이 더욱 강해진다. 아이에 대한 애착은 자연스럽게 엄마가 될 마음의 준비를 할 수 있게 만든다.

내 친구 P는 주변 사람들의 추천을 통해 괌으로 태교 여행을 다녀왔다. 거의 1년 치 아이 옷을 살 수도 있고, 임산부가 편하게 쉬기 위

뱃속 아이와 처음 떠나는 여행이기에
고려 할 것도 많았다.

해서는 곰이 제격이라고 해서 그곳을 택했다고 했다. 그런데 문제는 여행을 가서 아이 옷 쇼핑을 하느라 제대로 즐기지도 못했다는 것이다. 1년 치 아이 옷을 미리 구매하는 친구를 남편이 이해하지 못해 서로 마음만 상해서 돌아왔다고 했다.

그녀는 나에게, 내 남편이 아이 옷 1년 치 사는 것을 이해해 줄 수 있으면 곰을 가라고 조언했다. 나는 아이 옷에는 별로 관심이 없었다. 선물로도 많이 들어오고 워낙 사촌 동생과 먼저 아이를 낳은 친구들이 많아 물려받아도 된다고 생각했다. 더군다나 아직 태어나지 않은 아이와 어울릴지도 모르는 옷을 많이 구매하고 싶은 생각은 더욱 없었다.

지금 생각해 보니 그 친구도 처음 임신에 태교 여행에 대한 정확한 개념이나 의식이 없어, 남들이 가라고 하는 대로 따라갔던 거 같다. 이렇게 엄마의 주체적인 신념 없이 휩쓸려서 가는 태교 여행은 의미가 없다. 단순한 관광이나 쇼핑 여행과 다를 게 없다.

태교 여행은 출산 후에도 떠 올리면 기분 좋고, 그 추억으로 육아를 견뎌 낼 수 있는 힘을 주는 여행이어야 한다.

뱃속 아이와 처음 떠나는 태교 여행이라면 이것저것 챙겨야 할 것도 많다. 태교여행 전 챙겨야 될 사항 네 가지를 정리해 보았다 첫째, 임산부 수첩을 챙긴다. 32주가 넘어가는 임산부는 의사 소견서를 받아 둔다. 응급 상황에 대비하여 출산 예정일과 담당 산부인과 연락처가 들어간 의사 소견서를 받아둔다면 신속하게 대응할 수 있다. 단, 해외여행인 경우, 영문 소견서를 받아야 응급 상황에 대처할 수 있다는 걸 잊지 말아야 한다.

보통 국내 항공사는 32주까지는 소견서를 받지 않는 경우가 대부분이지만 항공사에 문의하여 임산부 수첩이라도 챙겨서 가야 한다. 36주까지는 비행기 탑승이 가능하나 의사 소견서를 필수로 제출해야 한다. 외국 항공사의 경우는 기준이 더 까다로울 수 있으니 탑승 전에 미리 확인해 둔다. 둘째, 목적지에서 가까운 의료 시설을 미리 파악해 둬야 한다. 응급상황이 생길 시 의료 시설을 미리 알아두지 않으면 당황하기 쉽다. 태교 여행을 떠나기 전 반드시 주변 의료시설의 연락처와 위치 정보를 알아둔다. 특히 28주 이후의 임산부는 조산의 위험이 있을 수 있으니 더 주의해야 한다. 셋째,1시간 이상 장거리 이동 시에는 1시간에 한 번씩 일어나서 걸어줘야 한다. 한 자세로 오랜 시간 있으면 임산부와 뱃속 아이에게 좋지 않다. 틈틈이 일어서서 가볍게 스트레칭을 하거나 돌아다니면서 피로를 풀어준다. 넷째, 임산부 혜택을 적극 이용한다. 대부분의 항공사는 임산부 선 수속, 앞자리 배정 등의 서비스를 제공 해주는 곳이 많다. 수속 전부터 임산부임을 알려 앞자리 통로 쪽으로 좌석을 배정 받는다. 통로 쪽에 앉아야 화장실을 가거나 일어나서 걷기에 좋다. 공항 X-RAY 통과 서비스도 임산부

우선 통과를 실시하고 있고, 각 공항 마다 수유실과 더불어 임산부 휴게실을 운영하는 곳이 많으므로 적극 활용한다.

이 외에도 태교 여행 시 피로를 풀겠다고 사우나나 온천 같은 시설도 피하는 것이 좋다. 왜냐하면 뱃속 아이는 뜨거운 온도에 약하기 때문이다. 제주처럼 바닷가 근처로 갈 경우 회를 먹는 경우도 많다. 하지만 회 또한 되도록 피하는 게 좋다. 회의 신선도가 떨어지는 경우 혹시 모를 기생충이 있을지 모르기 때문이다.

마사지도 주의하는 게 좋다. 전신 마사지인 경우 임신으로 인한 피부가 예민해진 상태가 되면 트러블에 취약할 수 있다. 발 마사지도 발이 우리 오장 육부와 신경에 연결되어 있기 때문에 뱃속 아이에게 영향을 미칠지 모르므로 조심해야 한다.

뱃속 아이와 처음 떠나는 태교 여행! 설렘과 기대로 한껏 들뜰 수 있다. 그럴 때일수록 태교여행의 목적을 잘 생각해 봐야 한다. 남들 다 가니까 가는 여행이 아닌 주체적으로 '아이'를 위한 여행이 될 수 있도록 계획을 잘 짜야 한다. 예비 엄마와 아빠가 되기 위한 준비단계로 삼아야 한다. 잘 다녀온 태교 여행이야말로, 출산과 육아의 세계로 이어지는 고통의 시간을 잘 견딜 수 있게 하는 힘을 줄 수 있으니 말이다.

제주도 산부인과(산과전문) 정보

산과를 전문으로하는 산부인과는 제주시 지역에 몰려 있다.

제주시 지역

서해 산부인과 제주시 동광로 131(064-758-8866)

예나 산부인과 제주시 서광로 83 예나빌딩(064-748-0088)

다나 산부인과 제주시 고마로 47(064-702-1186)

마리 산부인과 제주시 고마로 146 영구빌딩(064-755-2544)

신제주 지역

미래 산부인과 제주시 연북로 28(064-712-2882)

맘편한 산부인과 제주시 1100로 3283 영화빌딩(064-710-3080)

엔젤 산부인과 제주시 과원로 70(064-756-7575)

응급상황

제주대학병원 제주시 아란13길 15(064-717-1114)

한라병원 제주시 도령로 65(064-740-5500)

서귀포 의료원 서귀포시 장수로 47(064-730-3300)

03
—

가고 싶은 태교 여행지
1위 제주도

"어머님 아버님 저희 이번에는 태교여행으로 좀 멀리 다녀올까 해요~"

"멀리? 어디로 갈 생각이냐?"

"이번엔 발리같이 동남아 휴양지 다녀오려고요~"

"거기 비행시간이 얼마나 되니?"

"5~6시간 정도 걸려요."

"아이고~안 된다. 너무 멀다. 뱃속 아이 생각해라. 엄마가 무리하면 되겠니? 멀리 나가는 건 아이 낳고 천천히 하렴~"

둘째 태교 여행을 계획할 때의 일이다. 첫째는 서울에 있을 때라 고향 제주도로 내려와 2박 3일 힐링 여행을 했으니, 솔직히 나도 둘째는 외국에 나가볼까 하는 마음이 굴뚝같았다.

임신 초기부터 하와이, 괌, 발리, 세부 등을 알아보며 부푼 꿈을 꾸었다. 하지만 첫째가 15개월 밖에 되지 않아 같이 가기에는 무리가 있다고 판단했다. 그러기에 시댁 어른들께 첫째를 맡겨 두고 남편과 뱃속 아이와 만 갈 생각이었다. 시댁 어른들은 역시 반대했다. 남편과 나는 국내 여행이라도 가자고 마음을 바꾸고 국내 여행지를 알아봤다.

"자기야, 국내 태교여행으로 적합한 곳 알아보고 있는데…제주도가 태교 여행지 1위인데.우리가 살고 있는 곳이 다른 사람들한테는 가장 가고 싶은 태교 여행지야, 강원도나 남해도 알아 봤는데 풍경이나 시설이 제주도 보다 못해"

"그래? 그렇겠지. 나도 아가씨 때 남해랑 강원도 갔다 왔는데…제주도 보다 거기 가면 볼 게 없긴 해"

"자기가 태교를 위해 가는 거라면, 그냥 주말마다 그동안 안 가본데도 가고 맛 집이나 분위기 좋은 카페 가서 기분 전환 하고 오자~"

우리는 그렇게 해서 둘째 태교 여행도 짬짬이 제주 곳곳을 돌아다니며 일상 태교 여행을 하기로 결정했다. 사실 나도 1년 넘게 독박 육아를 하다 보니 지칠 때로 지쳐 있었다. 육아하면서 밖에 돌아다니는

나의 아이들에게 오름의 정취를 보여 줄 수 있음에 감사하다.

게 쉽지 않았다. 생각해 보니 다시 육아 전쟁에 들어가기 전에 일상 태교 여행을 하는 것도 좋을 것 같았다. 가고 싶은 곳들이 1시간 내외에 있으니 몸에 무리도 안 가고 첫째와 같이 가기에도 좋았다. 그래도 육아하기 전에 외국에 한번 나갔다 와야 되는 건 아닌지 자꾸 아쉬움이 남았다.

조용히 눈을 감고 생각해 보았다. 내가 서울 살면서 첫째를 임신했을 때가 떠올랐다. 어렵게 된 임신이기도 했지만 임신 초기부터 유산기가 있어서 나는 누구보다 더 몸조심 했다. 집에만 있기에는 갑갑하고 더욱 적극적인 방법으로 태교여행을 하고 싶어 했다. 그때는 첫째라 그런지 3시간 이상 비행시간이 사실 부담스러웠다. 제주는 1시간이라는 짧은 비행시간만으로도 이국적인 분위기를 느낄 수 있다.

임산부는 항상 응급 상황이 발생할 수 있는 가능성이 있다. 임신 5개월 차를 맞았던 내 회사 후배도 갑자기 빈혈 증세를 느끼는 순간 기절을 했던 적이 있다. 다행히 같이 동행했던 후배가 화장실에 간다던 임산부 선배가 나오지 않자 얼른 화장실로 가 보았고, 쓰러진 임산부 후배를 발견했다고 한다. 물론 동행했던 후배의 도움으로 응급처치가 잘 되어 뱃속 아이나 산모에게는 이상이 없었다. 아찔했던 순간이었을 것이다. 이렇게 응급 상황에 대처하려면 해외보다 병원 정보가 많은 제주도는 임산부들에게 최적의 여행지이다.

산책하기에도 좋고, 맛있는 맛 집과 분위기 좋은 카페가 많은 곳이 제주다. 일부러 맛 집과 카페를 가기위해서라도 제주에 여행 온다는 사람들이 많다. 이런 분위기를 반영하듯 최근〈강식당〉이라는 프로그램은 제주 협재 해변의 어느 식당을 예쁘게 꾸며 프로그램으로 만들기도 했다. 제주의 자연환경에 새로 생거나는 맛 집과 카페들이 입소문이 나면서 일주일, 한 달 살이를 하며 제주를 즐기려는 사람들도 늘어났다. 나는 이런 곳에 살면서 마음만 먹으면 모든 것을 누릴 수 있지 않은가? 이렇게 생각하니 제주에 살며 태교 여행을 하는 게 다른 사람들에게는 부러운 일이라는 생각마저 들었다. 이렇게 나의 일상 제주 태교 여행이 시작되었다.

관점을 바꾸니 이전에 연애할 때 갔던 곳, 나 혼자 힘들 때 산책했던 곳, 친구들과 놀러 갔던 곳, 첫째 임신할 때 갔던 곳들이 하나씩 추억이 되어 예전에 봤던 곳이지만 의미 깊게 다가왔다. 안 가본 곳은 안 가본대로 매력이 있었다. 다시 한 번 둘째에게도 이런 좋은 환경을 보여 줄 수 있음에 감사했다. 제주에 살고 있는 나도 이곳저곳을 돌아다녀도 좋은데 다른 지역에 살고 있는 사람이 이곳에 온다면 얼마나 더 좋을까? 그렇게 생각하니 내가 가는 장소 하나하나가 다 의미가 있게 느껴졌다. 임산부의 입장이 되어 다시 제주를 들여다보니 제주야말로 아이 키우기에도 좋지만 태교를 하기에도 좋은 장소임을 알 수 있었다. 최근에는 연예인들도 태교 여행으로 많이 오는 곳이 제주도임을 볼 때 제주가 가진 장점이 많다는 증거이기도 하다.

도심과 가까운 수목원을 걸을 때에도 임신 전에는 눈에 안 들어왔을 풍경들이 더 아름답게 다가왔다. 원래 임신을 하면 여성 호르몬의 증가로 더 감성적이게 된다. 같은 단풍을 봐도 더 예쁘고, 푸른 숲이 우거진 곳을 걷고 있노라면 자연스럽게 힐링이 되었다.

어느 날 남편, 그리고 15개월 된 아들과 같이 아부오름에 올랐다. 임신 5개월 차라 안정기였고, 아부오름은 비교적 낮아 임산부인 내가 오르기에도 가파르지 않았다. 아부 오름에 올라 탁 트인 오름의 전경을 보니 가슴이 후련해졌다. 오름 주변을 한 바퀴 돌았다. 가을이라 그런지 군데군데 갈대들이 눈에 들어왔다.

"두리야~이곳은 아부 오름이란다. 예쁘지? 바람에 흔들리는 할아버지 수염같이 생긴 것은 갈대라는 거야...엄마도 오랜만에 오름 오니까 너무 좋다~ 우리 두리 태어나서 우주 형만큼 크면 또 오자!"나는 배를 쓰다듬고 두리에게 태담을 했다. 뱃속의 아이랑 교감이 되는 느낌이 들었다. 그리고 천천히 오름을 내려왔다.

"자기야~ 제주도가 왜 가고 싶은 태교 여행지 1위인지 알 거 같아"

"왜? 또 임신하니 오름도 색다르게 느껴져?"

"아니~ 뭐 그런 것도 있지만, 이렇게 가까운 곳에 오름을 올라갈 수 있는 곳이 또 어디 있겠어? 우리 서울 살 때 생각해봐~ 이런데 보려면 최소 3시간은 나가야 했잖아. 제주도는 가까운 곳에 이렇게 임산부가 오를 만큼 낮은 오름도 있고. 넘 좋다"

오름을 갔다 오면서 나는 새삼스레 제주도가 정말 좋은 곳이었구나, 라고 느꼈다. 임산부의 감수성이 더해져 더 아름답게 느껴졌는지도 모른다. 그날 하루 정말 행복한 기분으로 충만했다.

많은 사람들이 태교여행을 간다고 하면 단순히 예비 엄마 아빠 좋으라고 가는 거라고 생각한다. 단순한 휴양 여행이라면 며칠 엄마 아빠가 쉬었다 와야지, 라고 생각하기도 한다. 더욱 적극적으로 '태교'에 초점을 맞추어 여행을 계획한다면 '태교 여행'이라는 이름에 걸맞게 여행을 하면서 태교를 할 수 있는 환경을 선택했으면 한다.

'가고 싶은 태교 여행지 1위 제주' 많은 임산부들이 선택하고 좋았던 경험이 많다는 뜻일 것이다. 나는 이런 제주에 살며 일상 태교 여행을 할 수 있어 감사하고 행복하다.

04
—

엄마가 행복해야
태교가 즐겁다

　　첫째 아이를 임신한 후, 나는 출산휴가와 육아
휴직을 받고 1년 넘게 내 손으로 아이를 키웠다. 결혼 3년 만에 가진
귀한 아이라 너무 예뻐서 독박 육아를 해도 마냥 행복했다. 그런 행복
감도 잠시, 육아기간이 길어지자 나는 우울한 기분이 자주 들었다. 그
쯤 또 둘째가 찾아왔다. 엄마의 우울한 기분을 뱃속 아이가 느낄까 봐
시작한 것이 독서였다. 짬짬이 시간을 내어 하게 된 독서가 지금은 좋
은 태교로 발전하여 다시 행복한 나날을 보내고 있다.

　　독서를 하다 보니, 첫째 아이를 임신할 때부터 계속 머리를 맴돌았
던 책이 쓰고 싶다는 생각이 들었다. 첫째 때에도 임신 기간 내내 책
을 쓰고 싶었는데 둘째를 임신하고 나니 '제주태교여행' 책을 쓰고 싶
다는 생각이 더 강렬해졌다. 내가 제주에 살면서 제주의 좋은 환경이

얼마나 엄마의 마음을 행복하게 하는지 많은 사람들에게 알려 주고 싶다는 생각이 간절했다. 둘째 임신 6개월쯤 임신 안정기이기도 하고 적극적인 태교를 함으로써 아이에게 자극을 줄 수 있는 시기였기에 용기를 내어 책 쓰기에 도전을 했다.

매주 토요일마다 분당에 있는 한 책쓰기 협회에서 책 쓰기를 배우고 이렇게 제2의 인생을 살고 있다. 제주에서 매주 분당까지 책 쓰기를 배우러 가는 과정은 사실 쉽지는 않았다. 그것도 임신한 몸으로. 남편 역시 반대했다. 아이 낳고 하라고 왜 꼭 지금 해야 하느냐고 했다. 하지만 나는 책을 쓰러 배우러 가는 과정 자체가 너무 행복했다. 태교의 가장 기본은 엄마의 행복이다. 육아로 정신적으로 힘들었던 내게 임신 기간을 가장 행복하게 보낼 수 있는 방법은 그동안 하고 싶었던 일을 하는 것이었다. 책을 쓰는 것이 나를 행복하게 하는 것이었고 그것이 내가 뱃속 아이에게 할 수 있는 가장 좋은 태교였던 것이다.

KBS 첨단 보고 뇌과학 제작팀이 만든 《태아 성장 보고서》를 보면 엄마의 행복이 뱃속 아이에게 영향을 미치는 것이 얼마나 설득력 있는지 알 수 있다. 엄마가 느끼는 감정과 정서는 태아 뇌 발달의 시드 머니(Seed Money) 즉 종잣돈과 같은 주춧돌 역할을 한다. 엄마가 기분이 좋으면 아이도 덩달아 좋아하고, 엄마가 슬프면 아이도 엄마의 우울함을 눈치챘다는 것이다. 산모가 이해, 배려, 인정, 사랑과 같은 감정을 느끼면 옥시토신, 엔도르핀 호르몬이 분비된다. 이 호르몬은 태반을 통해 아이에게 영향을 미친다. 반면 불안과 긴장, 공포, 두려움, 슬픔을 느끼는 산모는 코르티솔로 같은 스트레스 호르몬이 분비된다. 코르티솔 호르몬은 아이의 뇌 발달에 좋지 않고 신체 · 정신적 긴장을 초래하여 자연스러운 출산에도 좋지 않은 영향을 미친다.

그만큼 임산부는 자신의 스트레스를 조절하여 평온하고 행복한 상태를 유지해야 한다. 물론 외부 환경에 의해 스트레스 상황에 직면하게 되는 경우가 생길 수 있다. 그럴 때마다 아이에게 태담으로 상황을 설명하고 이해를 시켜야 한다. "지금 상황이 안 좋다는 소리를 들었어. 엄마는 극복할 수 있어. 우리 아이를 생각하며 엄마가 감정 조절을 잘할게"라고 실제로 말하고 나면 기분이 한층 나아지고, 감정을 조절할 수 있다.

나의 지인 K 선배는 둘째를 임신했을 때 일적으로 스트레스를 많이 받았다. 공기업에 근무하는 K 선배는 자신의 업무 특성상 늘 전화로 민원 업무를 접해야만 했다. 전화로 고객과 상담을 해 줘야 하는 업무였기에 고객은 선배의 임신 사실을 알 수 없었다. 선배는 감정이 격해진 고객들의 민원 전화를 받을 때마다 굉장히 스트레스를 받았다. 민원 업무를 피하고 싶었지만 임산부라고 봐줘야 하냐는 말을 들을까 봐 막달까지 민원 업무에 시달려야 했다. 집에 돌아오면 첫째 아이와 남편을 챙기느라 제대로 된 태교를 못 했다. 그래서 그런지 수더분하고 낙천적인 첫째에 비해 둘째는 성격이 예민하다.

나는 아이 때문에 힘든 육아를 하는 K선배를 보면서 첫째를 임신하는 동안 마음속으로 끊임없이 '엄마가 행복해야 내 아이도 행복하다'를 되새겼다. 당시 나도 항공사 지상직으로 근무를 하고 있어서 업무적으로는 스트레스를 받을 수밖에 없는 환경에 처해 있었다. 내가 임부복을 입고 배가 부른 것을 보고도 클레임을 하는 고객이 많았다.

클레임을 들을 때마다 나는 태담으로 "우리 보물이한테 하는 소리 아니야. 저 손님은 불만이 많은가 봐. 엄마는 괜찮아. 그냥 듣고 흘려보내자"라고 말했다. 그러면서 내 감정을 조절하고 아이를 생각하면서 다시 평정심을 찾았다.

직장 환경 자체를 바꿀 수 없는 노릇이니 대신 나는 퇴근 후나 쉬는 날 '나를 행복하게 하는 것'들을 찾아다녔다. 먼저 퇴근 후에는 저녁 식사를 하면서 휴식을 취했다. 마음을 평온하게 하는 음악도 매일 들었다. 꼭 클래식만을 들은 건 아니다. 평소에 잘 듣지도 않는데 임신했다고 들으면 괜히 스트레스 받을까 봐 여러 장르의 음악을 들었다. 그날 기분에 따라 가요, 팝, 재즈, 피아노 연주곡, 동요를 들으면 기분이 좋아지곤 했다. 음악을 듣고 나면, 동화책이나 동시, 내가 읽고 있는 책의 좋은 글귀를 낭송해 주었다.

제주의 푸른 자연을
눈에 담는 것만으로도 태교가 되었다.

쉬는 날이면 미술관 관람, 고궁 방문, 자기 계발 강의 듣기 등을 하면서 끊임없이 내 기분이 좋아지도록 노력했다. 내 기분이 좋아지니 임신 기간 내내 나는 행복한 기분을 충분히 느낄 수 있었다. 덕분에 태교 또한 즐겁게 할 수 있었다. 태교할 때 가끔 내 뱃속에 아이가 태동을 했다. 그때마다 새 생명이 자라는 것이 이렇게 행복한 것이구나, 를 느낄 수 있었다.

임신 8개월 차에 출산휴가를 일찍 받고 남편이 있는 제주도로 내려왔다. 고향에 오니 나는 물 만난 물고기 마냥 너무 신났다. 나의 아이에게 매일 회색 건물을 보여주다가 푸른 바다, 녹색 숲을 보여주면서 더욱 적극적으로 태교를 할 수 있었기 때문이었다.

그쯤 제주도에서 자연출산으로 유명한 김순선 조산원 원장님이 하시는 강의를 듣게 되었다. 자연분만이 마지막 태교라고 믿고 있던 나는 출산 후 산후 조리원으로 김순선 원장님이 운영하는 '자연조산원'에서 산후조리를 했다.

첫째는 조리원에 가자마자 장소가 바뀐 걸 인지하여 밤새 울면서 신생아들을 다 깨워 버렸다. 그래서 조리원 담당 간호사들로부터 유명한 아이였다. 신생아는 대부분 먹고 자는데 우리 아이는 생후 3일밖에 안된 아이가 눈을 뜨고 엄마 아빠와 교감을 했다. 다른 신생아들이 먹고 잠만 잘 때 조리원에 있는 내내 우리 아이는 눈뜨고 놀다가 잠이 드는 아이였다.

생후 3일이 되어서야 젖이 돌아 3일 전에는 아이에게 분유를 먹였다. 젖을 먹이려고 하니 이미 우유병과 젖의 차이를 알아 유두혼동이 온 아이는 엄청 울어댔다. 당시 모유 수유에 성공하려고 얼마나 고생을 했는지 생각하면 지금도 아찔하다. 그런 아이를 보고 김순선 원장님은 나에게 이런 말씀하셨다.

"희경씨, 아이 잘 키워라~! 아이가 야무지겠어. 나는 35년 넘게 아기를 7000명 받아봤고, 신생아만 수없이 봐서 딱 보면 알아요. 엄마가 임신했을 때 신경을 많이 썼구나~"

조리원에서부터 유별났던 첫째는 조리원을 나와서도 조리원 동기 아이들 중에서 빠른 발달을 보였다. 생후 80일 만에 엎드려서 고개를 들고 생후 3개월부터 낯을 가리기 시작해 엄마 아빠 외의 사람들이 방문하면 모르는 사람이라고 엄청 울었다. 할아버지 할머니도 아이를 보러 왔다가 안아 보지도 못하고 그냥 집에 돌아가기 일쑤였다. 5개월 말부터는 "엄마" "아빠"를 말할 만큼 언어 능력도 빨랐다. 첫째는 지금도 신체, 언어, 인지 발달이 빠르다. 그리고 갈수록 성품도 어진 아기로 성장하고 있다.

나는 가끔 첫째 아이 또래의 엄마들이 "아이가 발달이 엄청 빠르네

요" "아이가 참 야무지네요" 라고 할 때마다 속으로 생각한다. '아~! 내가 태교를 잘했구나~!'

태교는 꼭 영재를 만들거나 똑똑한 아이를 낳기 위해서 하는 것은 아니다. 단지 엄마의 건강한 마음가짐으로 정서적으로 밝고 올바른 성품의 아기를 낳기 위함이다. 아이는 뱃속에 있을 때부터 엄마의 영향을 많이 받기 때문이다.

정서적으로 밝고 올바른 성품의 아이를 낳기 위해 태교로 엄마가 행복해지는 것부터 먼저 해 보자. 엄마가 행복해야 즐겁게 태교를 하면서 임신 기간을 잘 보낼 수 있을 테니까.

05

—

아이가 행복한 태교는
따로 있다

　여성의 사회 진출이 많아지면서 일하는 임산부를 보는 것은 아주 흔한 일이다. 많은 임산부들이 회사 생활에 눈치가 보여 뱃속 아이에게 좋지 않은 환경에 노출되는 것도 사실이다. 상황이 이렇다 보니 임산부 자신도 임신 기간 동안 뱃속 아이에 맞게 생활을 바꿔야 함에도 불구하고, 원래대로의 생활 패턴을 유지해 나가는 경우가 부지기수다. 임산부의 주변 환경에 따라 임산부의 마음가짐이 달라진다. 그 마음가짐이 뱃속 아이에게 직접적으로 영향을 미친다.

　첫째 아이를 임신했을 때의 일이다. 임신 6개월쯤 이였는데, 영화광인 남편이 영화 한편을 보자고 했다. 나는 뱃속 아이를 생각하여 〈정글북〉을 선택했다. 아이와 동물들이 나오는 영화이니 많이 자극적이지 않는다고 생각해서였다. 정글에서 펼쳐지는 주인공 모글리의 성장을 그린 영화였다. 가끔 극적 장면을 위해 동물들이 갑자기 출현하여 깜짝 놀라기도 했다. 긴장감을 조성하는 부분에서는 임팩트가 강한 음악이 나왔는데 극장 음향으로 듣다 보니 많이 자극이 되었다. 그렇게 내가 놀라거나 강한 음악이 나올 때마다 뱃속에 보물이가 요동을 쳤다. 나는 그때 본능적으로, 보물이가 자극을 받고 있고 극장식 음향을 별로 좋아하지 않는다는 것을 알았다. 그 후로 출산 전까지 영화관에 가지 않았다. 영화가 보고 싶으면 집에서 잔잔한 영화만을 골라 봤다.

이렇게 뱃속 아이는 6개월밖에 되지 않았을 때도 외부의 자극에 반응을 하며 자신의 감정을 태동으로 표현한다. 뱃속 아이도 좋고 싫어하는 것이 있다는 것을 실제로 체험하고 나니, 나는 더욱 뱃속의 아이가 좋아하고 행복해하는 태교를 찾기 시작했다.

실제로 뱃속 아이는 저음인 아빠의 목소리를 좋아한다. 나 또한 그런 경험이 있다. 첫째 아이를 임신하는 기간에 나는 서울에서, 남편은 제주에서 일하며 우리는 주말부부로 지냈다.

아빠의 태담을 매일 못 들려주니 나는 보물이에게 너무 미안했다. 그렇게 해서 생각해 낸 것이 남편이 전화 올 때마다 스피커폰을 이용하여 아빠의 목소리를 들려주는 거였다. 남편에게 매일 좋은 책의 한 꼭지를 낭송하고 녹음하여 보내주라고 했다. 남편은 여러 장르의 책 내용을 낭송한 녹음 파일을 내게 보내 주곤 했다. 야근이 있거나 회식이 있을 때는 자신의 하루 일과에 대해 녹음한 파일을 보내 줬다.

"보물아, 아까 아빠랑 통화했지? 이번에는 아빠가 들려주는 이야기를 들어보자"하면서 남편과 통화를 마치고 책 내용이나 남편의 하루 일과를 들려주었다.

이렇게 며칠을 반복하니 신기하게도, 보물이는 매일 비슷한 시간에 남편의 목소리를 들려줄 때마다 잔잔한 태동으로 자신이 기분이 좋다는 걸 표현했다.

이렇게 뱃속 아이도 선호도가 있다는 걸 잘 보여준 다큐멘터리가 있다. 2003년에 KBS1 라디오의 《소리로 쓴 태아 육아보고서》라는 다큐멘터리에서 임산부를 대상으로 임상실험을 했다. 임산부들에게 헤비메탈, 발라드, 동요, 국악, 모차르트 클래식, 공포 음악 등 다양한 음악을 들려줬다. 그 결과 뱃속 아이가 가장 싫어하는 음악은 헤비메탈 장르였다고 한다. 이보다 더 싫어하는 소리는 공포 음악이라고 했다.

뱃속 아이가 행복한 태교가 따로 있다는 것은 어떻게 알 수 있을까? 엄마의 감정 변화에 따라 뱃속 아이도 행복함을 느낀다. 앞서 언급한

바다가 보이는 산책길을 걷는 것만으로
엄마는 행복함을 느낀다.
차를 타고 드라이브만 나가도 좋다. 시시각각 변하는
제주의 풍경이 눈을 즐겁게 한다.

사례처럼 엄마가 자극이 많이 되는 소리를 듣거나 음악을 들을 때 심장박동수가 빨라진다. 이때 뱃속 아이도 그것을 느껴 자신이 위험하다는 걸 표현하는 것이다. 반대로 엄마가 아빠의 따뜻한 음성을 들으며 사랑을 느낄 때나 잔잔한 음악을 들으며 편안함을 느낄 때, 뱃속 아이도 사랑과 편안함을 느끼게 되는 것이다.

둘째를 태교 중인 요즘 뱃속 아이도 싫고 좋은 선호도가 있다는 걸 다시 한번 느끼고 있다. 연말 송년회가 많다 보니 남편이 술을 마시고 귀가하는 일이 좀 있었다. 남편은 평소에 비염이 있어 술을 마시고 잠을 잘 때마다 코를 골았다. 남편이 코를 골 때마다 나도 신경이 쓰였다. 그때마다 둘째가 뱃속에서 심하게 발길질을 해 댔다. 발길질이 너무 심해 잠을 자다가 깨서 다시 잠을 청하기 어려울 정도였다. 남편과 멀리 떨어져서 잠을 청했더니 발길질이 조금은 안정이 되었다.

둘째 두리는 우리 네 식구가 한자리에서 밥 먹으며 이야기하는 것을 가장 좋아한다. 매일 아침 남편과 첫째 우주랑 밥을 먹으면서 도란도란 이야기를 나눈다. 그럴 때마다 자기도 참여하고 싶은지 잔잔한 태동으로 자신의 존재를 알린다. 그러면 난 항상 "두리야 빨리 밖에 나와서 이렇게 엄마 아빠 형이랑 밥 먹자" 하고 배를 쓰다듬어 준다.

뱃속의 아이가 좋아하는 것이 따로 있다는 걸 느낀 이후로 나는 둘째 아이 태교에도 그대로 적용하고 있다. 매일 아침 잔잔한 피아노 음반을 들려주거나 발라드 위주의 팝이나 가요를 듣는다. 두리는 새벽이나 아침에 태동을 많이 하는 편이다. 이때 음악을 틀어주면 나에게 콩콩콩 신호를 보낸다.

뱃속 아이가 행복함을 느끼려면 엄마 자신부터가 행복한 환경에 노출이 되어야 한다. 행복한 환경의 노출이란 엄마 자신이 좋아하는 일을 하거나 기분이 좋아지는 장소에 가는 것이다. 결혼 전부터 여행을 좋아했던 나는 임신 기간이라고 집에서만 태교를 하지는 않았다. 나의 엔도르핀 호르몬을 자극하는 것은 바로 돌아다니면서 에너지를 얻는 것이다. 이것을 태교에 적용시켜 제주의 이곳저곳을 돌아다닐 때 가장 행복함을 느꼈다. 내가 제주의 자연환경을 보며 행복함을 느낄 때마다 뱃속의 두리도 태동으로 신호를 보냈다. 이럴 때 나는 뱃속 아이와의 교감을 통해 우리가 하나임을 느낄 정도였다.

사주당 이씨가 지은 태교 단행본 《태교신기》에는 "빛처럼 아름다운 아이를 원한다면 아름다운 마음으로 아름다운 글과 그림, 자연과 사회를 보도록 하여야 한다"하여 엄마의 눈을 통해 아름다운 글, 그림, 자연과 사회를 보도록 강조하였다. 그만큼 나쁜 환경에 노출이 되면 뱃속 아이도 스트레스를 받고 과한 자극에 노출이 되기 때문에 뱃속 아이에게 좋지 않은 영향을 끼치기 때문이다.

나는 제주의 자연환경이야 말로 뱃속 아이에게 아름다운 것을 많이 보여 줄 수 있는 곳이라고 생각한다. 차를 타고 해안도로를 달리기만 해도 좋다. 푸른 바다가 한눈에 들어와 절로 기분이 좋아질 만큼이다. 바다가 보이는 산책길은 또 어떤가? 걷는 것만으로 힐링이 된다. 제주의 푸른 나무가 우거진 숲을 걸으며 듣는 새소리와 바람에 나무가 흔들리는 소리는 내 마음을 편안하게 하기에 충분하다.

일반 사람들도 아름답고 예쁜 것을 보고 들으면 괜히 기분이 좋아지고 선한 마음이 들기 마련이다. 하물며 뱃속에 있는 아이는 어찌할까? 뱃속에서부터 세상을 배우고 익혀야 한다면 아름다운 자연환경에 많이 노출되어 뱃속 아이가 행복한 태교를 해야 한다.

06
—

맞춤형 태교가 가능한
제주 태교 여행

"제주도 갈 건데, 어디가 좋아? 추천 좀 해줘~"

내가 서울에서 근무할 때다. 내 고향이 제주도라 그런지 그곳에 놀러 가는 지인들은 내게 제주 여행지 정보를 많이 묻곤 했다. 처음에 나는 요즘 SNS의 정보 확산 속도가 워낙 빨라 충분히 알아볼 수도 있는데 왜 나에게 물어볼까 궁금했다. 그들은 하나같이 여행자 입장에서 대충 구경하다 온 곳이 아닌 현지인이 가본 곳 중 좋은 곳을 원했다. 나는 그동안 축적해 온 나의 여행 경험과 맛집, 카페 정보를 알려주었다. 여행을 다녀온 지인들은 하나같이 "너무 좋았다", "거기 너무 맛있었다"하면서 만족감을 표현했다. 제주도에 살 때 나의 일상이 서울에 사는 지인들에게는 유익한 정보가 된다니 참 뿌듯했다.

어느 날, 임신한 나의 회사 동기에게 연락이 왔다.

"언니~~나 태교여행 제주도에 갈 건데 어디 가면 좋을까? 제주도는 결혼 전에 몇 번 가보긴 했는데… 임산부라 무리할 순 없고 임산부가 가면 좋은데 있으면 알려줘~ 맛 집이랑 분위기 좋은 카페도 추천해줘~"

임산부라는 특수 상황에 맞춰 코스와 맛 집, 카페를 알려주는 것은 여간 신경이 쓰이지 않는 게 아니었다. 그러곤 나름대로 타인의 의견도 수렴할 겸 임신 경험이 있는 친언니와 친구들에게 전화해서 임산부의 입장을 들어봤다. 대부분 무리하지 않은 범위의 코스와 맛있게 먹을 수 있는 맛 집, 여행 중간에 쉴 수 있는 카페를 원했다. 역시 임신을 했던 사람들의 마음은 한결같았다.

나는 지역별로 임산부가 가도 무리가 없는 코스와 맛 집 몇 군데, 카페를 선별하여 회사 동기에게 알려 줬다. 회사 동기는 3박 4일 기간 동안 내가 추천해준 코스 중 박물관과 맛 집만을 집중적으로 여행했다고 했다. 무리 없이 여행을 잘 마쳤고 특히 내가 추천해준 식당의 음식이 맛있었다며 만족해했다.

우연한 기회에 다시 그 회사 동기와 제주도 이야기를 하게 되었다. 그녀는 자신의 제주 태교 여행이 만족스러워 그녀의 동생 네에게도 태교 여행지로 제주도를 추천해 주었다고 했다. 그녀는 내가 알려 주었던 맛 집과 카페를 다시 동생네 부부에게로 알려 주었나 보다.

"언니가 추천해 준 맛 집이랑 카페가 동생네 부부도 다 좋았나 봐. 고마워~!"하며 고마움을 전했다.

제주에는 박물관이나 미술관이 많다. 박물관 투어나 미술관 투어만 해도 2박 3일, 3박 4일 코스를 짤 수 있을 만큼이다. 여행 중간에 박물관이나 미술관 주변을 산책하거나 그 근처 맛 집 탐방을 할 수도 있다. 꼭 유명 관광지가 아니더라도 자신의 취향에 맞게 박물관 탐방 중심의 태교 여행 코스를 짤 수도 있고, 미술관 투어에 초점을 맞춘 태교 여행 코스를 짤 수도 있다. 남들 다 가는 흔해 빠진 관광지 보다 하나의 테마를 정하고 태교 여행 코스를 선정해도 충분히 기억에 남는 태교 여행이 될 수 있다. 박물관 탐방이나 미술관 투어가 태교에 좋은 것은 두말하면 잔소리일 테고~!

김포공항에서 근무했을 적의 일이다. 직속 상사 ○과장네 부부가 태교 여행으로 제주에 간다고 했다. 그는 아내가 노산이라 체력적으로 많이 힘들어하니 멀리는 못 가는 탓에, 기분 전환 겸 태교 여행지를 제주로 정했다고 했다. 그는 나에게 임산부 아내와 갈 수 있는 좋은 곳이 있으면 추천해 달라고 부탁했다. ○과장의 숙소는 서귀포시 사계리에 위치하고 있었고 멀리 이동하지 않길 원했다. 그는 숙소 근처의 갈 만한 코스와 맛 집, 카페를 원했다.

나는 직속 상사였기에 더욱 신경이 쓰였다. 친구들이나 남편과 함

바다를 거닐고 잠시 카페에서
휴식을 취하는 것만으로도 힐링이 된다.

께 갔던 곳 중 좋았던 곳을 떠올리며 갈만한 코스 몇 군데와 맛 집, 카페를 선정했다. 리스트를 뽑아 ○과장에게 건네주었다. ○과장이 여행에서 돌아와 말했다.

"고마워요 희경 씨, 우리는 아내가 너무 힘들어서 숙소 근처 희경 씨가 알려준 몇 곳만 산책하고 거의 카페 투어만 하다 왔어. 덕분에 수고스럽게 찾지 않고 잘 다녀왔어. 아내도 좋아했고!"

○과장네는 2박 3일의 짧은 일정이었다. 그는 욕심부리지 않고 산책과 카페 투어에만 집중해서 여행을 하고 왔다고 했다. 짧은 기간이었지만 알차고 기분 전환이 많이 됐다며 만족해했다.

이렇게 ○과장 네처럼 여행 내내 산책과 카페 투어만 해도 태교에 좋다. 특히 걷기는 산부인과 의사들이 임신 중기 이후의 임산부에게 권하는 운동 방법이다.

임신 중 산책을 통해 걷기를 많이 하면 임산부 건강에 좋다. 또한 임산부가 걸으면 양수가 흔들리는데 이는 뱃속 아이의 뇌 자극에도 좋다. 임산부가 걸을 때 생기는 양수의 파동은 뱃속 아이에게 심리적인 안정감을 느끼게 한다. 신생아가 태어나서 잠을 잘 못 잘 때 엄마들이 '둥가 둥가'를 해 준다든가 아이를 안고 짐볼에 앉아 통통 움직여 주면 울던 아이도 안정감을 찾고 잠이 든다. 나 또한 첫째를 임신할 때 산책을 하며 걷기 운동을 많이 했다. 실제로 첫째 우주가 신생아 때 잠을 잘 못자서 울 때가 많았다. 그럴 때마다 아이를 안고 방안을 걷거나 짐볼에 앉아 통통 움직여 주면 이내 울음을 멈추고 잠이 들었다. 엄마 뱃속에 있을 때 엄마가 걸을 때마다 느꼈던 양수의 파동을 기억하고 있었던 것이다. 제주에서는 이렇게 좋은 걷기 운동을 바다를 보며, 우거진 숲에서 아름다운 풍경을 눈에 담으며 할 수 있다. 그러니 태교를 하는 임산부 입장에서는 일석이조인 셈이다.

현재 둘째를 임신 중이며, 제주에 살고 있는 나는 제주의 모든 자연환경과 인프라를 즐기며 일상 태교 여행을 하고 있다. 아마 내가 첫째를 임신 중일 때 서울에 안 살았더라면 제주의 가치를 몰랐을지 모른다. 첫째를 임신했을 때 나는 바다나 숲을 무척이나 산책하고 싶었다. 하지만 바다나 숲에 가려면 큰마음을 먹고 장거리 이동을 해야 했다. 일을 하고 있는 임산부가 주말을 이용해 장거리로 이동하는 게 엄청 부담이 됐다. 그때 마음만큼 교외로 많이 못 나가는 게 참 아쉬웠다.

제주는 보통 1시간 내외의 거리만 가도 바다를 볼 수 있고 숲도 갈 수 있으며 마음 편하게 산책을 즐길 수 있는 예쁜 풍경들이 많다. 이동 시간이 짧으니 화장실을 자주 가야 되는 임산부에겐 안성맞춤이다.

나는 다행히 제주에 살고 있으니 내 기분에 따라가고 싶은 곳을 정한다. 바다가 보고 싶으면 바다로 가서 산책을 하다 오고 뱃속 아이에게 자극을 주고 싶으면 미술관에 간다. 가끔은 첫째를 시부모님께 맡기고 바다가 보이는 조용한 카페에 앉아 책을 읽다 오기도 한다.

이렇게 제주는 나의 기분과 취향에 따라 테마를 정해서 여행하기에 최적의 여행지이다. 내 회사 동기처럼 박물관과 맛 집 투어를 할 수도 있고 내 회사 상사처럼 부부가 유유자적 산책하고 카페에서 쉬다가 올 수도 있다. 테마를 좁히면 더 여유가 있고 임산부의 몸에도 무리가 가지 않는다. 그러면서도 기분 전환이 되고 뱃속 아이의 태교에도 좋다. 나처럼 테마를 정하지 않고 기분 따라 취향 따라 코스를 정해도 좋다.

여행을 좋아하는 나는 휴양지도 많이 가봤다. 직장 생활을 하면서 일에 치여 쉬고 싶을 때나 재충전의 시간이 필요할 때 휴양지는 최적의 여행지이다. 휴양지를 가 본 사람들은 하나같이 휴식을 취해서 좋긴 하지만 막상 가면 할 것이 없다며 아쉬웠다는 소리를 한다. 리조트 안에서 수영하고 먹고 근처 바다에 다녀오고 그 외엔 사실 할 수 있는 게 많이 없기 때문이다. 나도 태교여행을 갈까 생각하면서 휴양지를 생각 안 한 것은 아니었다. 뱃속 아이가 태동을 하면서 교감을 하게 되고 태교에 관심이 생기면서 나는 태교여행의 목적을 '태교' 자체에 초점을 맞췄다. 이왕 가는 여행이라면 내 아이를 위한 태교가 가능한 여행을 하고 싶었기 때문이다.

나는 제주야말로 '미술태교', '숲태교', '산책태교', '음식태교',

'휴식태교', '공감태교'가 가능한 최고의 여행지라고 본다. 태교에 조금만 관심을 가지면 제주에서 엄마가 즐거우면서도 뱃속 아이를 위한 태교여행을 할 수 있다. 누가 아나? 제주가 힐링의 섬에서 태교의 섬으로 될지! 그날을 꿈꿔 본다.

07
—

보고 즐기며 아이와
마음을 나누다

"엄마 뱃속에서 아이는 그냥 스스로 크는 거 아니에요? 저는 태교를 한 번도 해 본적 없는데 태교를 꼭 해야 하나요?"

몇 달 전, 먼저 아이 두 명을 낳고 기르던 지인이 나의 태교 예찬에 의아해하며 물었다. 그 지인은 엄마 뱃속에 있을 때 아이를 위해 태교를 한 번도 못해보고 일만 하면서 임신 기간을 보냈다고 했다.

'엄마 뱃속에 있을 때부터 아이도 엄마와의 교감을 원했을 텐데…' 나는 태교의 필요성을 모르고 이미 아이 두 명을 낳고 키우고 있는 그 지인에게 아무 말은 안 했지만 속으로 좀 안타깝다는 생각을 했다.

뱃속 둘째 태교를 하면서 나는 내 아이에게 어떤 자극을 줄까 항상 생각한다. 첫째 때와는 달리 챙겨야 되는 아이가 있어 온전히 둘째에게 신경을 못 쓰는 건 사실이다. 그럼에도 나름대로 첫째를 돌보면서 태교를 할 수 있는 방법들을 생각해 냈다. 남편이 쉬는 주말이면 가까운 교외로 나가 바다도 보고 숲도 걸으며 나의 오감을 자극하는 것이다. 첫째와 단둘이 있는 평일이면 도심과 가까운 미술관이나 수목원에 가서 아이들에게 그림도 보여주고 숲에서 산책을 하기도 한다. 그러곤 뱃속 아이에게 그날 봤던 풍경에 대해 태담을 해 준다.

임신 6개월 이후부터는 내가 밖에 나가 예쁜 풍경을 보며 좋아할 때마다 뱃속 두리는 어김없이 나에게 태동으로 자신의 존재를 알렸다. 두리가 태동을 할 때마다 나는 아이와의 교감을 느낀다. 나의 즐거움이 아이에게 전달되는 기분이 들기 때문이다. 엄마의 오감 자극은 내 뱃속 아이에게도 자극을 주고 엄마가 즐기면서 느끼는 감정은 내 뱃속 아이에게 고스란히 전달된다.

실제로 엄마와의 교감을 태내 교육에 적용시킨 사람이 있다. 바로 일본계 미국인 지쓰코 스세딕이다. 그녀의 저서 《태아는 천재다》를 보면 엄마와 뱃속 아이의 교감 태교의 효과를 알 수 있다. 스세딕은 자신만의 독특한 태내 교육법을 개발하여 자식 4명을 IQ160 이상의 천재 자녀로 키운 장본인이다. 그녀의 태내 교육법 중 하나가 산책을 하면서 뱃속 아이와 교감하며 엄마의 눈에 보이는 장면을 뱃속 아이에게 상세히 설명해 주는 것이다. 의학적으로도 임신 6~7개월이 되

나의 아이들에게 제주 자연의 아름다움을 느끼게 해 주고 싶었다.

면 청각이 발달하기 때문에 소리에 민감하게 반응한다고 한다. 스세 딕은 이런 점을 강조하며 자신의 눈을 통해 들어오는 세상을 태담으로 뱃속의 아이와 교감했다.

나 또한 첫째 아이를 임신하는 동안 산책을 할 때마다 뱃속 아이에게 많이 이야기를 해 줬다. 둘째를 임신한 지금도 마찬가지이다. 평소에는 집 근처를 산책하면서 매일 같은 환경이지만 계절에 따라 변하는 나무 색깔, 꽃 모양 등을 이야기해 줬다. 주말에는 제주의 이곳저곳을 돌아다니며 다양한 장소에 가서 내가 보고 즐기는 것들, 그때 느꼈던 마음 등을 이야기해 주곤 했다.

내가 보고 즐기는 것들이 뱃속 아이에게 그대로 전달되기를 바랐다. 그럴수록 더욱 뱃속 아이에게 자연을 보여주고 좋은 것들을 보여주고자 노력했다.

엄마가 보고 느끼는 것은 뱃속 아이에게 전달되어 영향을 미친다. 2년 전 텔레비전 프로그램을 보다가 우연히 임신 기간에 판소리를 했다는 임산부를 본 적 있다. 국악팀을 이끌었던 그녀는 출산 전까지 판소리를 했다. 그때 태어난 아이는 두 살배기 밖에 안 되었는데 장구를 쳤고 엄마처럼 판소리를 흉내 냈다. 엄마 뱃속에 있을 때부터 판소리를 접했던 그 아이는 자연스럽게 판소리를 익혔던 것이다.

이처럼 엄마가 임신 시절부터 보고 느끼는 것은 뱃속 아이도 그대로 보고 배운다. 실제로 1994년 피츠버그 대학 연구진은 유전적 태내 환경은 48퍼센트 영향을 미치고 280일 동안의 태내 환경은 아이의 IQ(지능지수), EQ(감성지수), MQ(도덕성지수), SQ(사회성지수)의 52퍼센트를 만든다는 연구 결과를 발표 한 적이 있다. 그러니 임신기간 엄마가 보고 즐기는 환경이 그만큼 중요하다. 엄마에게 주어진 환경이 뱃속 아이에게 전달된다고 생각하면 더 나은 환경을 보여주기 위해 의식적으로 좋은 환경을 만들 필요가 있다.

내가 첫째 아이를 임신했을 때, 좋은 환경을 의식적으로 보여주면서 태담 하길 정말 잘 했구나 느꼈던 순간이 있었다. 바로 아이가 태어났을 때였다. 보물이는 태어나자마자 울면서 탯줄을 잘라주는 아빠를 쳐다봤다고 한다. 나에게 안겼을 때 내가 "보물아~안녕 엄마야"라고 말하자 고개를 내 쪽으로 바라보면서 내 눈을 봤다. 나는 처음에 그게 당연한 것인 줄 알았다. 조리원에 있을 때 조리원 동기들에게 물어보니 보물이와 같은 경우는 없었다. 대부분의 신생아들은 눈을 못 뜨고 울기만 했다는 것이다. 보물이는 엄마와 아빠의 목소리를 인지하고 쳐다본 것이었다. 참으로 신기하면서 감동적인 경험이었다.

보물이는 주변에 비슷하게 태어난 아이들에 비해 인지나 언어에 빠른 발달을 보였다.

어느 날, 돌 무렵 영유아 검진을 하러 소아과에 갔다. 이것저것 설문지를 작성하고 의사와 면담을 했다.

"아이가 벌써 걸어요?"

"네, 10개월 때부터 한발 한발 씩 걷더니 11개월 들어서면서 아장 아장 잘 걷더라고요"

"아~ 다른 아기들에 비해 빠르네요."

"그럼 엄마 아빠 말을 합니까?"

"네.5개월 말부터 엄마 아빠라고 말했습니다."

"그렇게 빨리요? 다른 말도 할 줄 압니까?"

"네. 맘마, 빠빵, 뽀뽀, 아뜨, 찌찌, 치즈, 다됐다. 다했다. 됐다. 안 아. 정도의 말을 하더라고요"

"네? 내가 본 돌쟁이 아이 중 가장 말을 잘 하네요, 사실 돌쟁이 때 엄마 아빠만 말해도 정상이거든요"

특별히 말을 배우라고 교육을 시킨 건 아니었다. 우주(보물이)는 내가 하는 말을 듣고 곧 잘 따라 했다. 실제로 저자 시치다 마스토 · 쓰나붙 이 요우지의 《태내기억》라는 책에서 태내 교육에 대한 효과 중 하나 로 신경세포가 잘 발달하므로 성장이 빠르고, 말을 시작하는 시기가 빠르며 우뇌가 활성화되어 학습능력이 높다며 태교 효과를 증명해 준 다.

우주도 나의 태교 효과로 또래 아이들보다 빠른 발달 수준과 언어 능력, 학습능력을 보였던 것이다.

내가 보고 느끼는 것이 내 아이에게 바로 영향을 미친다고 생각하면 작은 거 하나 소홀할 수 없다. 텔레비전 시청 대신 책 읽기를, 부정적인 말을 하는 사람 대신 긍정적인 말하는 사람들을 만나며 내 주변에도 신경을 써야 한다.

여건이 된다면 더 적극적으로 태교를 할 수 있다. 주말을 이용하여 근처 공원 걷기, 미술관 탐방하기, 가까운 교외로 드라이브 가기 등 사소하게 할 수 있는 것들도 많다.

적극적인 태교 중 하나인 태교여행을 계획하고 있다면, 내 뱃속의 아이에게 많은 것을 보여주고 즐기게 하면서 엄마 아빠와 교감할 수 있는 환경을 택하면 된다. 그래서 나는 제주를 선택했다. 내 고향이라 익숙하고 재미없겠다, 라고 생각하지 않았다. 오히려 잘 알고 있기에 우리 아이에게도 좋은 것을 더 많이 보여줄 수 있을 거라 생각했다.

엄마가 유년시절을 보냈고, 아빠랑 연애도 했던 추억의 장소를 뱃속 아이랑 함께 다시 가면서 엄마의 발자취를 들려주고 싶었다. 이 생각은 둘째를 태교 중인 지금도 변함이 없다. 제주의 자연 환경이 나의 오감을 자극하기에 충분히 아름답기 때문이다.

사주당 이씨가 지은 태교의 고전 《태교신기》에서는 엄마가 보고 듣는 것이 곧 뱃속 아이게 배워주는 것이다, 라고 강조한다.

그만큼 임신 기간 동안 엄마가 보고 듣는 환경이 뱃속 아이에게 그대로 영향을 준다는 뜻일 것이다. 내 아이를 위해 좋은 환경을 선택하여 엄마와 뱃속 아이가 교감을 한다면 아이에게 좋은 기운을 그대로 전달해 주는 태교를 하게 되는 셈일 것이다.

CHAPTER
02

설렘 – 느리게 걸으며
태교하기

엄마 아빠가 몸을 건강하게 유지하고
밝고 바른 마음가짐을
갖고 있어야 건강한 아이를 만들 수 있다.

01
—

사계해수욕장 산책로
사계 바다와 산방산의
환상의 조화
[임신 준비]

"자기야~내 친구가 이번에 사계리에 펜션을 오픈했거든! 거기 한번 놀러 갔다 올까?"

"그래? 예쁜 곳에 펜션 열었네!"

"응. 갔다 오면서 사계리 쪽도 한번 구경 갔다 오고"

몇 년 전 남편의 친구가 사계리에 펜션을 오픈했다는 소식을 듣고, 우리는 사계리로 갔다. 산방산과 사계 바다가 한눈에 보이는 전망이 좋은 곳에 위치한 펜션은 남편 친구의 센스가 더해져 모던한 분위기가 풍겼다. 펜션 3층으로 올라가 방 안에서 펼쳐지는 사계 바다를 보니 '사계가 이렇게 예쁜 곳이었나' 하는 생각이 들었다.

"제수씨 아이 안 낳으세요?"

"아이요? 낳아야죠~지금 준비하고 있는데 잘 안 생기네요, 하하"

남편 친구와 대화를 나누던 중 남편 친구는 결혼한 지 3년이 다 되어 가는데 아직 아이가 없는 우리가 걱정이 되는지 넌지시 아이 얘기를 꺼냈다. 당시 한창 난임 병원에 다니면서 아이를 준비하고 있던 나는 다소 침울해졌다.

남편 친구의 펜션을 나와 우리는 사계 해변가로 향했다. 침울해 있는 날 보며 남편은 눈치를 보며 한마디 했다.

"우리 이제 곧 아이 생길거야…너무 걱정하지 마. 자기가 그렇게 부담을 느끼면 안 돼요.

마음을 편안하게 먹어야지. 병원에서도 아무 문제없다고 했으니까 우리 마음 편하게 먹자"

나는 결혼한 지 3년에 다 되도록 아이가 안 생기자 늘 불안했다. 그럴수록 아이는 더 생기지 않았다.

'오랜만에 제주도 왔는데 불안한 생각하지 말고 재밌게 즐기고 가자!' 이런저런 불안한 생각이 들수록 다시 생각을 전환하다 보니 어느새 사계해안도로에 도착했다.

탁 트인 사계 해변과 해안도로 끝에 산방산이 시야에 들어왔다. 아무리 봐도 질리지 않는 감탄을 자아낼만한 풍경이었다. 가끔 텔레비전에서 제주의 모습을 영상으로 보여 줄 때, 바다로 이어지는 풍경 끝에 있는 산방산을 보여 주는데 그건 아마 가장 제주다운 멋이 있어서

일 거다. 그만큼 사계 해변과 그 주변이 주는 풍경은 아름답다. 사계 해변 사이로 비치는 겨울의 강한 태양 빛이 형제섬으로 쏟아지는 듯했다.

"드라이브만 하기엔 너무 아깝다! 우리 내려서 좀 걸을까?"

"좋지!"

사계 해변의 아름다운 풍경을 보니 나는 언제 침울했다는 듯 너무 신이 났다. 잠시 차를 세워 사계해안산책로를 걸었다. 차가운 겨울 공기가 뺨을 스쳤다. 차갑다는 생각이 들기는커녕 상쾌하다는 생각이 들었다.

'이렇게 좋은 곳에서 태어나게 해 주셔서 감사합니다.' 아름다운 풍경을 보면서 산책을 하고 있으니 새삼 내 고향이 제주라는 게 감사했다.

당시 나는 한창 임신 준비를 하고 있었다. 임신을 하는데 무슨 준비가 필요하지라고 생각하는 분도 있을 것이다. 많은 부부들이 아이는 결혼을 하면 자연스럽게 생긴다고 생각한다. 그러기에 아무 준비 없이 임신을 하고 아이를 맞이하기도 한다. 요즘에는 결혼 전부터 아이를 혼수로 준비해 가는 사람도 많다. 하지만 아이를 맞이하기 전부터 태교는 시작된다.

엄마 아빠가 되기 위한 준비를 하는 과정부터가 태교의 시작이다.

불건전한 생각이 가득하거나 아빠가 몸을 가꾸지 않고 술, 담배를 하며 스트레스에 노출되어 있다면 건강한 인자를 가진 아이를 가질 수 없다. 엄마도 마찬가지이다. 엄마가 몸을 건강하게 유지하고 밝고 바른 마음가짐을 갖고 있어야 건강한 아이를 만들 수 있다. 나 또한 임신 준비를 하면서 생활의 많은 부분을 개선했다. 엄마 아빠의 신체가 건강해야 건강한 아이를 낳을 수 있기에 나는 요가와 스쿼트 운동을 꾸준히 하며 몸을 만들었다. 남편은 남편대로 결혼 후 담배를 끊고, 임신을 준비하면서 절주를 했다. 그리고 주말을 이용하여 헬스와 걷기 운동을 병행하면서 몸을 키웠다.

당시 나는 일을 하면서 스트레스를 받을 때마다 습관처럼 하루에 1~2잔의 커피를 마셨다. 아이를 준비하면서 내가 좋아하던 커피도 끊었다. 대신 여자 자궁 건강에 좋다는 당귀차를 마셨다. 텔레비전 시청 대신 독서를 하면서 마음의 교양을 쌓으며 아이를 준비했다. 출근 준비로 바빠서 아침을 거르거나 간단하게 빵으로 먹으면서 대체하다가 30분 일찍 일어나 아침을 챙겨서 먹었다. 본격적인 임신 준비 6개월 전부터는 엽산이나 오메가3등 영양제도 빠지지 않고 먹었다.

임신을 준비하고 있는 부부라면 생기면 생기는 대로라는 생각보다 건강한 엄마 아빠의 몸과 정신에서부터 건강한 아이가 태어난다는 것을 중요하게 여겼으면 한다. 특히 예비 아빠를 준비하는 남자들 중에는 그런 생각을 안 하고 회사 일을 핑계로 자신의 몸을 학대하는 경우

사계 해수욕장에서 웅장한 산방산의 모습을
바라보고 있으니 마냥 신이 났다.

가 많다. 엄마가 10달 동안 아이를 잉태할 때 태내 교육은 아내의 몫이라고 생각하기도 한다. 엄마의 10달의 가르침이 아무리 훌륭하다 할지라도 아빠의 씨앗이 건강하지 못하다면 엄마의 태교가 무슨 소용이 있을까? 엄마의 10달 가르침보다 아빠가 건강한 인자를 가진 씨앗을 가꾸는 게 더 우선이다. 그만큼 예비 엄마 아빠의 임신 준비 기간은 중요하다.

사계 해변을 걷고 있으니 갑자기 임신 준비를 위한 나의 노력들이 머리를 스쳐 지나갔다. 이전의 생활 습관을 버리고 임신 준비를 하기 위해 노력하는 나의 모습들이 스스로 대견스럽기도 했다. 스스로 뿌듯하다고 느끼며 걷다 보니 갑자기 차 한 잔이 마시고 싶어졌다. 사계 해안도로에는 해안을 볼 수 있는 카페들이 즐비하다. 우리도 그중에 하나인 카페로 발걸음을 옮겼다. 제주산 커피콩을 재배하여 커피로 만들어 팔고 있는 '씨앤블루' 라는 카페였다. 남편은 고소한 제주산 커피를, 나는 차 한 잔을 시켜 사계 바다를 바라보며 여유를 즐겼다. 그곳에서, 앞으로 아이가 생기면 우리 삶은 어떻게 달라질까. 우리를 닮은 아이가 태어나면 정말 얼마나 행복할지를 말하며 행복한 시간을 보냈다.

사계 해안 일대는 천연기념물로 지정이 될 만큼 그 가치가 높다. 바로 구석기 시대의 것으로 보이는 사람 발자국 화석과 동물 발자국 화석 때문이다. 이런 이유가 아니더라도 사계 해안이 갖는 매력은 바로 밀물과 썰물에 따라 두 개였다가 하나로 되는 형제섬이 있어서다. 각도를 잘 맞출 수 있다면 두 개의 섬 사이로 떨어지는 붉은 태양을 감상할 수도 있다. 사계 해안을 자주 찾는 나에게도 그런 행운은 좀처럼 오지 않았다.

임산부에게 사계 해안은 사계 해안도로를 드라이브하다가 잠시 내려 산책하기에 좋은 곳이다. 걸을 수 있을 만큼만 걸으면서 사계 해변과 멀리 보이는 산방산을 바라본다면, '아 이래서 제주에 오는구나'라는 생각이 절로 들 것이다. 산책을 하면서 눈에 들어오는 사계 해변의 광경, 형제섬의 모습, 산방산의 웅장함을 태담으로 뱃속 아이에게 들려줘 보자. 엄마의 눈을 통해 아이는 이 아름다운 광경을 상상하며 행복해할지 모른다.

여행 TIP

주변 관광지로 산방산, 하멜표류지, 용머리해안, 송악산이 있다.
사계해수욕장이 보이는 커피숍에 앉아 바다를 구경하며 차 한잔 하며 쉬어가기에 좋다. 대표적인 커피숍으로 로스터리 카페 스테이드 위드 커피와 제주산 커피를 파는 씨앤블루가 있다.

주소 : 서귀포시 사계리
입장료 : 무료

02
—

가을 억세 축제의 향연을
보고 싶다면 산굼부리

[임신 12주/걷기 태교]

　　선선한 바람이 불기 시작한 가을이 되었다. 둘째 두리를 임신하고 12주에 접어들던 날 오랜만에 친구를 만났다.

　"몸은 좀 괜찮아?"

　"아직 초반이라 엄청 피곤하고 졸려. 다행히 입덧은 심하지 않아"

　"다행이네~난 첫째 입덧 7개월까지 해서 거의 밖에 나가지도 못했어. 그때 너무 고생해서 둘째 생각이 없다니까"

　아직 임신 초기라 밖에 조금만 갔다 와도 졸리고 피곤해서 친구들을 잘 만나지 못했다. 그래도 오랜만에 서울에서 내려온 친구를 만나 브런치를 먹으면서 수다를 떠니 기분이 좋았다. 역시 여자는 한번 씩 수다를 떨어줘야 스트레스가 풀리나 보다.

　친구는 첫째를 임신하고 입덧이 너무 심해 임신 초기에 거의 아무

것도 먹지 못했다. 영양 부족으로 아이가 잘 못 자랄까 봐 주기적으로 병원에서 수액을 맞으며 혹독하게 임신 초기를 치렀다. 임신 중기가 되어서도 입덧이 계속되어 장기간 외출도 못하고 거의 집 안에서만 임신 기간을 보냈다. 드문 경우이긴 하지만 입덧이 임신중기나 아니면 아이가 태어날 때까지 하는 임산부도 있다. 나는 입덧이 심하지는 않았다. 그래도 임신 3개월 차가 되니 조금만 움직이거나 무리를 해도 피로감이 두 배가 되었다. 첫째 우주를 임신했을 때는 입덧 때문에 신선한 야채나 과일 정도만 입에 맞고 냄새나는 음식을 잘 먹지 못 했다. 둘째 두리는 입덧은 하지 않았지만 대신 자꾸 뭔가를 먹지 않으면 속이 불편했다.

이때쯤 나는 짜증도 많이 늘었다. 몸이 힘들다는 이유로 집안일도 소홀히 하는 날이 많아졌다. 이런 나를 보며 남편도 조금 지쳤을 것이다. 임신 12주차. 배는 아직 나오지 않았지만 아마 이 시기가 임신 기간 중 가장 힘든 시기가 아닐까? 입덧도 심하고 피로감은 보통 때보다 2~3배를 느끼는 시기이기 때문이다.

신체적으로나 정신적으로 변화가 많으니 짜증이 늘고 감정적으로 격해지기도 한다. 이 시기에 남편들도 많이 힘들어한다. 남편의 지인 K 씨는 임신 3개월 차의 아내가 작은 거 하나에도 예민하게 반응해서 얼마만큼 참아야 하느냐고 조언을 구했다. K 씨의 아내는 평소 술을 즐겨 마셨다. 그런 그녀가 임신을 하면서 술을 못 마시니 K씨가 아내

앞에서 술을 마시려고 하면 엄청 짜증을 낸다고 하소연했다. 그는 자신은 임신한 아내를 배려하여 술자리도 안 가고 대신 집에서 술을 마시는데 아내가 그것을 이해 못해 준다며 서운해 했다.

나는 차라리 아내 앞에서 술을 마시지 말고 술자리에 참석하고 일찍 귀가하라고 일러줬다. 아내의 입장에서는 임신 때문에 많은 것을 포기해야 하는데 남편은 평소와 다름없이 생활하는 것을 보면 화가 날 수도 있다.

이럴 때 감정적으로 서로를 대하지 말고 대화를 많이 해서 아내는 자신이 어떤 신체·정신적 변화를 느끼고 있는지 알려줘야 한다. 실제로 남자는 호르몬의 변화로 신경이 예민해지는 걸 경험하지 못하고 한 아이를 위해 예비 엄마가 평소 생활 습관의 많은 부분을 희생해야 한다는 걸 알 수 없다. 그렇기 때문에 남편이 알아서 내 기분을 알아줄 거라고 생각해서는 안 된다. 예비 엄마 스스로가 정신적으로 예민하다는 걸 알려줘야 서로에게 서운한 감정이 안 생기고 감정싸움으로 커지지 않는다.

내가 첫째를 임신했을 때도 남편은 나의 감정적 변화에 많이 당황했다. 내 스스로도 평소에 보지 못한 모습을 많이 보였다. 남편은 내가 날카로워진 신경 탓에 짜증을 많이 낼 때면 억지로 화를 참는 모습을 보이기도 했다. 첫째 임신을 이미 경험해서 그런지 둘째 두리를 임신하고 내가 감정적으로 예민한 변화를 보일 때 남편은 다행히 평정심을 유지했다.

오랜만에 주말을 이용하여 교외로 드라이브를 나갔다. 새별 오름을 지나다 보니 억새가 눈에 들어왔다. '아~ 억새꽃이 피는 가을이 왔구나 새별 오름의 억새를 보고 있으니 새삼 가을의 분위기가 느껴졌다.

"오랜만에 억새 보러 가자!" 억새를 보고 싶은 마음에 새별 오름을 가고 싶었지만, 새별 오름은 너무 가파른 오름이라 임산부인 나에겐 아무래도 무리였다. 남편과 나는 조금은 낮고 산책로가 잘 정비되어 있는 산굼부리로 향했다. 주차장에 주차를 하고 입장료를 끊은 다음 산책길을 천천히 걸었다. 가을의 억새를 즐기러 온 사람들이 많이 보였다. 한층 멋을 내고 사진을 찍으러 온 커플들, 가족 여행객들이 한데 어우러져 여기저기 흩어져 산굼부리의 억새를 즐기고 있었다. 억새가 잔잔한 바람에 흔들거리며 출렁이는 걸 보니 그야말로 억새 바다에서 파도가 치는 듯 아름답게 빛났다. 여기에 가을의 깊은 햇빛을 받은 억새는 은빛으로 물들어 마치 찬란하게 빛나는 은빛 바다를 보는 듯했다.

"두리야 저기 은빛으로 바람에 흔들리는 거 보이니? 억새라는 거야. 억새는 가을에 볼 수 있는 식물인데 저렇게 바람에 흔들리는 걸 보니 억새 바다에 온 거 같구나." 배에 손을 대고 두리에게 태담을 하며 천천히 걸어서 정상까지 올라갔다.

새별 오름에서 바라본 제주의 가을.
가을에만 누릴 수 있는 호사다.

산굼부리 정상에 서면 갈대밭 너머의
오름을 감상할 수 있다.

정상에 도착하니 멀리서 보이는 주변의 오름과 억세 물결이 어우러진 풍경이 '와~' 하는 감탄을 자아냈다. 선선하게 부는 바람이 머리를 스치니 더욱 가을의 느낌이 온몸으로 느껴졌다. 우리는 정상을 한 바퀴 산책하며 가을의 산굼부리를 뒤로하고 다시 발걸음을 돌렸다.

이렇게 가볍게 산책을 하듯 걷는 '걷기태교'는 임산부의 심폐 기능을 원활하게 해주고 뱃속 아이의 감성을 발달시키기에도 좋다. 꾸준히 걷기 태교를 해 주면 엄마의 근육과 관절, 인대들을 적당히 훈련시킬 수 있어 출산할 때 진통 완화에도 도움이 된다. 걷다 보면 호흡을 통해 들이마시는 산소량이 2~3배 정도 많아진다. 때문에 뱃속 아이에게 신선한 산소가 공급되어 뇌세포 활성에 도움을 주니 걷기 태교만큼 좋은 태교도 없다.

어디 이뿐인가? 걷기를 하면서 받는 자연광은 뱃속 아이가 스스로 빛에 대한 적응력을 서서히 키우게 하는 데에도 도움이 된다. 따뜻한 햇볕을 받으며 남편과 함께 걷는다면 심리적으로 안정이 되어 걷기 태교 효과를 더욱 톡톡히 누릴 수 있다.

가끔 제주에 태교여행을 오는 지인 중에 오름을 추천해달라고 하는 분들이 있다. 오름 중에도 산굼부리는 정상까지 올라가는 산책로가 잘 정비되어 임산부가 오르기에 부담이 없는 오름이다. 산책을 하듯 천천히 걷다 보면 어느새 정상에 도착해 이곳이 오름이었나 의심이 들게 할 정도이다. 산굼부리의 '굼부리' 는 화산체의 분화구를 뜻하는 제주 어이다. 이 굼부리는 바깥 둘레가 2.700m에 달하는 그야말로 초대형 분화구이다. 한라산 백록담이 115m인 것에 비해 17m나 더 깊으니 실로 엄청 큰 분화구라고 할 수 있다.

'굼부리' 는 주변 평지보다 분화구가 더 깊은 화구를 가리키는 마루형 화구이기도 하다. 마루형 분화구는 세계적으로 몇 안 된다. 우리나라에는 산굼부리가 유일무이하기 때문에 천연기념물로 지정이 되어 있을 만큼 가치가 있다.

분화구 안에는 난대성, 온대성 식물과 희귀식물들이 서로 어우러져 있다. 또한 일조량과 기온의 차이 때문에 깊이와 남향과 북향에 따라 살고 있는 식물의 종류가 다르다.

가을의 제주는 그야말로 억새 축제의 현장이다. 웬만한 길가를 걷다 보면 억새가 나풀나풀 춤을 추는 것을 볼 수 있고, 오름에 올라도 억새 물결을 볼 수 있다. 억세 물결을 보고 있노라면 가을을 제대로 느낄 수 있다. 산굼부리를 오르는 길은 온통 은빛 억새 물결이다. 살랑살랑 가을바람이 부는 날 산굼부리에 오르면 억새 물결에 취해 이곳이 오름인지도 잊게 된다. 눈을 감고 가을의 기억을 떠오르면 여름의 바다가 생각나듯, 억새 가득한 산굼부리를 걸었던 이미지가 떠오른다.

제주에 살며 수없이 가을을 만났고 그 가을에서 많은 곳을 돌아다니며 추억을 쌓았다. 그중에 가을의 느낌을 주는 장면이 있다면 그것은 산굼부리를 오르며 느꼈던 가을의 선선함이고 억새가 주는 가을의 분위기이다.

청명한 가을 제주에 태교여행을 온다면 산굼부리를 한번 가보자. 오름을 가고 싶지만 임산부라 부담스러웠던 마음을 한방에 날리면서 억새꽃의 향연에 제대로 된 가을을 느낄 수 있을 것이다. 산굼부리 정상에 올라 보는 확 트인 정경은 산굼부리의 또 다른 매력을 느끼기에도 충분한 곳이다.

여행 TIP

정상까지 왕복 1시간~1시간 30분정도 소요 된다. 첫째가 있는 경우 유모차를 500원에 대여가 가능하다. 산굼부리 내 매점에서 빙떡을 맛 볼 수 있는 게 특이하다.

주소 : 제주시 조천읍 교래리 산38 /064-783-9900
입장료 : 어른 6000원 청소년 및 어린이(만4세이상)3000원
시간 : 09:00~18:40(3월~10월), 09:00~17:40(11월~2월)/연중무휴
주차 : 무료
홈페이지 : www.sangumburi.net

03
—

서귀포 작가 산책길
서귀포 바다가 한 폭의
그림처럼 펼쳐지는 곳
[임신 14주/태담 태교]

'예술적 영감은 서귀포에서 시작됐다' 서귀포 구석구석을 산책하며 돌아본다면 갑자기 시를 쓰고 싶거나 그림을 그리고 싶어질지 모른다. 날씨가 맑은 4~5월이나 9~10월쯤의 서귀포는 그 따뜻한 햇볕만큼이나 마음 한편에 예술적 영감이 떠오르기에 충분한 자연환경이 조성되어 있다. 화가 이중섭의 명작 '섶섬이 보이는 풍경'은 서귀포에서 탄생했고, 김춘수 박목월 등 유명한 시인들도 서귀포에 대한 시를 썼다.

이외에도 소암 현충화 선생, 변시지 화백 등 많은 예술가들이 서귀포에서 작품 활동을 하여 걸작을 남겼고, 지금도 젊은 작가들이 작품 활동을 하고 있다. 이런 서귀포에 아직은 잘 알려지지 않은 '서귀포 작가 산책길'이 있다.

임신 14주차에 접어든 나는 임신 초기에 비해 훨씬 몸이 가벼워짐을 느꼈다. 무언가 먹지 않으면 속이 울렁거렸던 증상도 완화가 되었고 무엇보다 극도의 피로감도 점차 줄어드는 듯했다. 끝날 줄 알았던 입덧이 임신 4개월까지 계속되던 첫째에 비해 둘째는 입덧이 심하지 않아 조금은 편한 임신 4개월을 맞이했다. 배의 크기도 많이 크지 않아 몸도 무겁지 않고 마음도 훨씬 가벼워졌다. 이 시기는 자궁이 아이 머리통만큼 자라는 시기이다. 3개월까지 잘 늘지 않던 몸무게도 증가하기 시작하고 본격적으로 배가 나오기 시작한다. 이 시기부터 서서히 임부용 속옷과 옷을 준비하면 좋다.

나의 컨디션이 좋아지니 임신 초기에 작은 거 하나하나 남편에게 서운했던 내 마음도 조금 풀어지는 듯했다. 그러니 남편도 "이제 힘든 시기가 지나갔구나." 하며 안도하는 눈치였다.

주말이 되면, 시댁과 친정이 있는 서귀포에 자주 들렸다. 서귀포에 갈 때마다 나는 작가 산책길을 조금씩 나누어 산책을 하곤 했다. 작가 산책길은 1코스, 2코스, 3 코스로 나누어질 만큼 그 길이가 상당히 길다. 코스의 길이가 꽤 길어 임산부에게는 무리가 되기 때문에 다 돌아볼 필요는 없다. 자신의 상황에 맞게 차를 타고 드라이브를 하다가 잠시 내려서 산책을 하면 부담 없이 작가 산책길을 즐길 수 있다.

작가 산책길 중에서 기당미술관을 들리고 칠십 리 공원을 산책 후

차를 타고 드라이브하다가 서복전시관을 보고 소정방으로 가는 산책길을 권해 주고 싶다. 아니면 서귀포항구와 새연교를 구경 후, 드라이브를 하다 자구리 해안에서 내려 그곳을 가볍게 산책해도 부담 없고 좋다.

임신 4개월 차에 접어들자 몸이 훨씬 가벼워진 나는 때로는 남편과, 때로는 혼자서 작가 산책길을 걷곤 했다. 혼자, 아니 뱃속 두리와 함께 산책길을 천천히 걸을 때면 산책을 하는 것만으로도 힐링이 되었다. 특히 기당미술관에 들려 변시지의 그림을 보고 그 근처의 칠십 리 공원 산책을 좋아했다. 칠십 리 공원에서 보는 천지연 폭포의 전경은 아는 사람만 아는 비경이다.

정방폭포에서 소정방 폭포로 빠지는 길에 있는 작가 산책길도 자주 산책을 가는 길이다. 이 길은 원래 올레길로 산책하기에 잘 정비가 되어 있다. 나무 사이로 보이는 서귀포 바다 위의 섶섬의 풍경이 감탄을 자아낸다. 길이 또한 길지 않아 부담스럽지 않다. 근처에 정방폭포와 서복 전시관, 왈종 미술관 등이 같이 있어 한데 묶어서 구경을 하고 쉬엄쉬엄 산책을 하기에도 좋다.

두리랑 이 산책길을 걸으면서 나는 항상 아름다운 풍경에 대해 두리에게 태담을 해 주곤 했다.

"두리야~ 엄마가 좋아하는 산책길에 왔어~ 저기 멀리 보이는 섬이

서귀포 바다가 보이는 소정방폭포로 가는 작가산책길

작가 산책길 내에 있는 기당미술관

바로 섶섬인데, 서귀포에 있는 세 개의 섬 가운데 하나야. 바다 근처라 그런지 공기가 아주 맑고 좋아. 우리 두리가 태어나면 유모차 끌고 같이 오자"

길을 걷고 있는 것만으로도 마음이 차분해지고, 다시 한번 우리에게 찾아와 준 두리에게 감사함을 느꼈다.

이제 슬슬 적극적으로 태교를 해 볼까 생각하기 좋은 시기가 바로 4개월부터이다. 알프레드 토마티스 박사는 '태아는 4개월 반이 되면 엄마와 대화를 주고받는다' 라고 했다. 그만큼 태아의 지능과 인지 능력이 발달하는 시기이기 때문이다.

나 또한 이때부터 작가의 산책길을 걸으면서 두리에게 서서히 '태담 태교'를 시작했다. 태담 태교라고 해서 거창할 필요는 없다. 먼저 아이의 태명을 불러주면서 엄마와 아이의 유대감을 형성시켜 준다. 배를 쓰다듬거나 토닥 토닥거리면서 아이에게 신호를 보낸다. 태담을 시작할 때는 일상 이야기부터 가볍게 시작을 한다. "두리야~오늘은 날씨가 참 좋다~"정도의 날씨 이야기, 오늘 일상의 일부를 이야기해 준다. 오늘 엄마의 회사생활에서 겪고 느낀 점, 마트나 쇼핑을 가서 보고 느낀 점, 산책하면서 봤던 풍경, 좋은 책을 읽고 난 후의 느낌 등을 이야기해 준다. 특히 자연의 아름다운 풍경과 자연의 소리를 상세하게 설명해 주면 좋다. 처음 태담을 시작할 때 아직 보이지 않는 실체인 아이에게 말을 건다는 자체가 조금 부담이 될 수 있다. 이럴 때는 책을 읽다가 좋은 글귀가 나오면 그 문장을 읽어 주는 것도 하나의 방법이다.

뱃속의 아이는 엄마의 목소리를 들으며 언어 감각을 키우는데 실제로 첫째 우주에게 태담을 많이 해 줘서 그런지 언어 습득 능력이 빠르다. 뱃속 아이는 주파수가 낮은 저음의 남자 음성에 반응을 더 많이 한다. 아빠가 퇴근 후 해 주는 태담은 효과가 더욱 좋다. 보통 태아의 청각이 가장 예민한 시간이 오후 8~11시이므로 이 시간에 태담을 해 주면 뱃속 아이는 더 많은 반응을 할 것이다.

작가의 산책길은 관광객이 많이 다니는 길은 아니다. 그래서 남편과 오붓하게 산책을 즐기기에 좋다. 사람이 많지 않기 때문에 산책을 하며 보이는 풍경에 대해 뱃속 아이에게 태담을 하기에도 부담스럽지 않다.

천천히 길을 걸으면서 앞으로 만나게 될 나의 아이에게 엄마가 보는 멋진 서귀포의 풍경에 대해 태담으로 전해 주면 엄마의 기분도 좋아지고 그 좋은 기분이 나의 아이에게도 전달될 것이다.

작가 산책길

작가 산책길은 이중섭 미술관을 시작으로 서귀포에 머물며 작품활동을 했던 예술가들의자취를 돌아보는 길이다. 길이가 꽤 기니 포인트 지점만 산책하고 이동은 차로 하길 바란다.

1코스는 4.9km로 이중섭미술관 → 커뮤니티센터 → 기당미술관 → 칠 십리공원 → 자구리해안 → 소낭머리 → 서복전시관 → 소정방 → 소 암기념관 → 이중섭 공원으로 이어지는 길이다.

2코는 2.7km로 이중섭미술관 → 커뮤니티센터 → 기당미술관 → 칠십 리공원 → 자구리해안 → 이중섭공원으로 마무리 된다.

마지막 3코스는 2.8km로 이중섭미술관 → 자구리해안 → 소남머리 → 서복전시관 → 소정방 → 소암기념관 → 이중섭공원으로 끝난다.

칠십리 공원 작가 산책길

04
—

섭지코지

제주 바람 그리고
푸른 바다

[임신17주/대화 태교]

'섭지코지' 이름마저 아름다운 섭지코지는 성산 포에 있다. 제주에 사는 사람도 '성산포'는 마음먹고 놀러 가는 곳이 다. 제주의 동쪽에 위치한 성산포는 제주공항에서 1시간 조금 넘게 차 를 타고 가면 된다. 제주의 풍경으로 많이 나오는 성산일출봉의 일출 모습, 유채꽃이 핀 성산일출봉의 모습으로 워낙 유명해진 성산포! 그 곳에 제주의 바람을 오롯이 느끼면서 푸른 바다를 감상할 수 있는 곳 이 있다. 바로 섭지코지이다. 섭지코지는 좁은 땅이라는 뜻의 섭지와 곶(바다로 돌출한 육지)의 제주어 코지가 합쳐진 말이다.

섭지코지는 내게 참 추억이 많은 장소이다. 친한 친구가 결혼하기 전, 처녀 파티를 하러 놀러 왔던 곳이기도 하고, 신혼 초 남편과 친한 부부 내외와 놀러 와서 1박을 하고 갔던 곳이기도 하다.

신혼 초 한참 달콤하던 그때 남편은 갑자기 성산포에서 1박2일을 보내고 오자고 했다. 연애 기간이 짧았던 우리는 연애하듯 신혼 생활을 즐기고 있었다. 나는 흔쾌히 '예스'를 외치고 비슷한 시기에 결혼한 후배 부부와 함께 가자고 제안했다. 따뜻한 바람이 불던 초가을 그렇게 우리는 섭지코지로 향했다.

어릴 적부터 여러 번 왔던 곳이지만 그 장소가 갖는 의미는 누구와 같이 가느냐에 따라 달라지는 듯하다. 남편과 후배 부부와 함께 갔던 섭지코지는 그 어떤 날보다 더 아름답게 느껴졌다. 초가을이라 그런지 산책하기에 더없이 좋았다. 섭지코지는 바람이 많이 부는 곳 이었지만 사랑하는 사람과 함께 걸으니 그 바람마저 따뜻하게 느껴졌다.

"자기랑 이렇게 좋은데 다니면서 연애를 오래 하고 싶었는데 내 마음이 급해서 결혼을 빨리해 버렸네~. 그래도 우리 아이 없을 때 이렇게 연애하듯 살자."

손을 잡고 천천히 산책하며 남편이 이야기했다. 해질녘 섭지코지가 주는 황홀한 분위기 때문일까? 남편의 말 한마디가 너무 달콤하게 느껴졌다.

"나도 자기랑 여기 오니까 너무 좋아. 우리도 언젠가는 아이들의 엄마 아빠가 되겠지? 아직은 상상이 안 되지만…자기랑 나랑 반반 닮은 아이 낳으면 얼마나 이쁠까?"

"그럼 얼마나 이쁘겠어! 우리 아이 낳고 또 오자. 우리 아이들에게도 엄마 아빠 추억의 장소를 보여줘야지!"

우리는 앞으로 태어날 우리의 아이 이야기를 하며 드넓게 펼쳐진 언덕과 그 사이사이 보이는 푸른 바다를 감상하며 그날의 추억을 하나씩 쌓아갔다.

아이를 낳고 또 오자던 그날의 약속은 첫째를 임신하고 출산 바로 육아로 이어지면서 바쁜 일상을 지내다 보니 까맣게 잊혔다.

어느덧 둘째 두리를 임신하고 17주가 되었다. 16주부터 뽀글뽀글 물방울이 올라오는 것 같이 느껴졌던 두리의 태동이 뱃속에 물고기가 지나가는 것처럼 더 강하게 느껴졌다. 배가 본격적으로 불러오니 이제는 밖에 나가면 누구나 임신했냐고 물어보기 시작했다. 자궁의 크기가 어른의 머리만큼 커지는 시기여서 그런지 자궁이 위와 장을 눌러 가끔 속이 답답한 게 소화가 잘 되지 않았다.

"자기야 우주 때도 그랬나? 자기 허리선이 사라지기 시작 했어"

"그럼. 기억 안나? 이때쯤 자기가 이제는 임부복 입으라고 했잖아~"

"벌써 우리 두리가 이렇게 컸나? 우주 때보다 배가 더 커 보이는데?"

"나도 그렇게 느껴져서 의사 선생님한테 물어보니까 자궁이 한번 늘어졌던 경험이 있어서 둘째는 배가 더 빨리 나온대"

섭지코지의 바다...
등대로 올라가는 언덕 제주스럽다!

"그렇구나~ 자기 배불러 오는 거 보니까 나도 이제 네 식구의 가장이 되는 게 실감이 난다. 아빠가 돈 많이 벌어 와야겠다."

남편은 5개월 차에 접어들자 갑자기 배가 두드러지게 커지는 날 보며 가장으로서 책임감을 더 느끼는 듯했다.

16주차부터 시작됐던 빈혈은 17주가 되니 더욱 자주 발생했다. 누워 있다가 화장실을 가려고 일어나면 어지러워서 잠시 주저앉다가 증세가 좀 괜찮아지면 다시 일어서곤 했다. 어지러움이 심하다 보니 철분제도 철분 함량이 더 많은 영양제로 교체하고, 쇠고기, 닭고기 생선은 거의 매일 먹으면서 철분 흡수율이 감소되지 않게 했다. 철분제 함량을 높이고 고기와 생선을 먹으니 빈혈이 점차 사그라졌다. 아직 배가 많이 크지는 않아 컨디션은 임신 초기에 비해 날아갈 듯 가벼웠다.

신혼 초에 섭지코지에서 했던 남편과의 약속은 두리가 뱃속에 있을 때 지킬 수 있었다. 오랜만에 남편과 우주와 함께 섭지코지를 찾았다. 지금은 워낙 유명 관광지가 되어 섭지코지로 들어가는 입구부터 상업 시설들이 많이 들어와 조금 아쉬웠지만 주차장에 차를 세우고 산책로를 따라 올라갔다. 절벽을 따라 나 있는 산책길을 올라가다 보니 저 멀리 하얀 등대가 있는 언덕이 보였다. 그 언덕을 향해 가는 길에는 짙은 바다가 보이는데 그 바다와 어김없이 불어오는 바람을 맞으며 산책을 하다 보니 다시 신혼 초의 느낌이 되살아나는 듯했다.

"두리야~ 엄마 아빠가 신혼 초에 왔던 곳이란다. 엄마 아빠 반반씩 닮은 아이 낳으면 또 오자고 했는데, 이제야 다시 오게 되었네~ 이곳의 바다는 유난히도 진한 파란색이란다~ 저기 보이는 언덕과 하얀 등대 모두 너에게 보여 주고 싶었어."

두리에게 태담을 하고 천천히 산책을 했다. 등대로 올라가는 곳에 있는 꽤 긴 계단을 보니 새삼 길게 느껴졌다. 임산부가 오르기에 가파른 편은 아니지만 무리가 된다면 패스해도 괜찮다. 무리가 되지 않는다면 언덕 위에 올라 성산일출봉의 모습을 감상하길 바란다. 언덕 위에서 바라보는 성산일출봉의 모습은 정말 아름답다. 언덕을 내려오면서 보는 바다의 모습과 멀리 글라스하우스의 전경 또한 하나의 그림처럼 다가왔다.

섭지코지는 그 자연이 주는 경이로움에 연애하면서 느꼈던 설렘, 신혼 초에 느꼈던 달콤함을 다시 떠오르게 하는 묘한 매력이 있다. 섭지코지의 산책길을 걸으면서 '대화 태교'를 해 보자. 임신 기간 엄마의 감정 변화에 가장 영향을 끼치는 게 바로 아빠이다. 아빠가 항상 자상하게 신경 써주고 보살펴 줄 때 엄마는 편안함을 느낀다. 여자는 사랑하는 사람과 대화를 하면서 사랑의 감정을 느끼는 경우가 많다. 남편과 매일 짧은 시간이라도 사소한 일상부터 앞으로 달라지게 될 미래에 대해 이야기해보자. 대화를 많이 하다 보면 남편은 아내가 임신으로 겪는 불편과 심경의 변화를 이해할 수 있고, 아내는 남편도 가족이 생기는 것에 대한 막중한 책임감을 느끼고 있다는 걸 알 수 있을 것이다.

뱃속 아이는 가족들이 도란도란 이야기하는 소리를 좋아한다. 엄마 아빠가 이야기를 나눌 때 뱃속 아이의 호흡이나 심장박동이 가장 안정적이라고 한다. 엄마 아빠의 금슬도 좋아지고 아이도 좋아하는 대화 태교! 이보다 더 행복한 태교가 어디 있을까?

엄마 아빠가 손을 잡고 섭지코지의 산책길을 걸으면서 앞으로 어떤 부모가 될지, 출산 후 육아는 어떻게 할지에 대해 이야기를 한다면 더 의미 있는 산책 태교가 될 것이다.

봄바람이 살랑살랑하게 부는 날, 임신 후기 다시 섭지코지를 찾았다. 섭지코지 언덕 위의 과거 올인 하우스였던 과자 하우스는 여전히 불편해 보였고, 섭지코지의 끝없이 펼쳐지던 들판에 솟은 글라스하우등 여러 상업시설이 눈에 거슬렸다. 있는 그대로가 가치가 있는 섭지코지가 상업적으로 변하는 모습이 그저 아쉬울 따름이다.

그래도 섭지코지가 아름다운 건, 그 누구도 해치질 못할 짙은 바다와 그 위로 언덕으로 올라가는 산책길, 그리고 제주의 바람이 아직 그곳에 있기 때문이다.

산책 소요시간은 1시간 30분 정도 걸린다. 유모차 사용은 가능하나 정상에 고르지 않은 길이 있다.

섭지코지 산책 후 산책길 끝에 위치한 유민미술관을 들리면 좋다. 유민미술관 근처 글라스하우스에서 휴식을 취하기에 좋으나 음료 가격이 비싼 편이다.

유채꽃이 피는 봄이 되면 섭지코지 풍경은 더 아름답다.

주소 : 서귀포시 성산읍 고성리 64
전화 : 064-782-2810(신양리 사무소)
개방시간 : 항상
입장료 : 없음
주차 : 소형 1000원

05
—

한담해안 산책로
돌담과 에메랄드 및
바다의 만남
[임신 18주/동화책태교]

　　　　　　누군가 내게 "제주도 갈만한 데 없어?"라고 묻는다면, 나는 단연코 한담 해안 산책로를 말할 것이다. 이곳은 비밀스럽게 나만 알고 싶고 간직하고 싶은 곳이기도 하다. 몇 년 전까지만 해도 관광객들에게 많이 알려지지 않아 좀 돌아다녀 본 제주도민만 아는 정도였다.

　한담 해안은 누군가의 전용 비치라고 보일 만큼 작고 소박하여 둘만 비밀스럽게(?) 연애를 하고 싶은 사람에게는 안성맞춤의 장소였다. 그런데 '맨도롱또또' 이라는 드라마가 한담 해안 근처 카페에서 촬영되면서 지금은 널리 사람들에게 알려져 많이 찾는 여행지가 되었다.

　그래도 좋다. 혼자 걸어도 좋고, 사랑하는 사람과 오붓하게 걸어도 좋고, 유모차를 끌고 가족과 걸어도 좋은 곳이 바로 이곳이다.

내가 처음 이곳을 알게 된 건 남편이 나에게 한창 잘 보이고 싶어 했던 연애 초기였다. 남편은 어느 날 나에게 "당신에게 우리 둘만 즐길 수 있는 프라이빗한 비치를 보여 줄게요"라고 말했다. 그러곤 나를 데리고 간 곳이 바로 한담해안이었다. 5년 전, 나는 처음으로 한담해안을 갔다. 제주에 오래 산 나에게도 한담해안은 처음 가보는 곳 일만큼 아는 사람만 아는 비밀스러운 곳이었다.

처음 한담해안을 갔던 날이 떠오른다. 에메랄드빛 애월 바다와 제주 특유의 돌담들이 불규칙하게 쌓여 있는 곳. 그 조화는 "아~정말 좋다"를 연발하게 만들었다. 작고 오붓하게 자리 잡은 한담 해안도 우리 둘만 있으니 둘만을 위한 영화를 찍는 듯했다. 한담이 주는 특유의 분위기에 취해 이곳에서 나는 '이 남자랑 잘 될 것 같아~'를 느꼈다.

한담에서의 느낌은 우리를 부부로서의 인연으로 이어지게 했다. 둘만의 추억의 장소가 되어 신혼 초에도, 첫째를 임신할 때, 둘째를 임신 할 때도 자주 찾는 장소가 되었다.

어느덧 둘째 두리를 임신한지 18주가 되었다. 임신 중기가 되니 컨디션이 좋아져 행복한 임신 중기를 맞이하고 있었다.

두리는 첫째 우주보다 빨리 태동을 시작해 하루에도 몇 번씩 태동으로 자신의 존재를 알렸다. 내 뱃속에서 누군가 꿈틀대고 있다는 느낌은 언제 느껴도 경이롭다. 고귀한 생명체 하나가 나의 뱃속에서 자라고 있다는 행복함은 여자로 태어나 꼭 한 번쯤은 경험을 했으면 하는 소중한 느낌이다.

뱃속에서 두리가 꿈틀대고 있다고 느끼는 순간, 이제 조금 적극적으로 태교를 해 볼까 마음을 먹었다. 이 시기의 뱃속 아이는 시각과 청각을 통해 외부 자극을 받아들이고 정서적으로 빠르게 발달하기 때문에 태교의 효과를 기대할 수 있다.

첫째 우주는 이 시기부터 태교 동화, 동시, 태교 위인전을 낭송해 주었다. 두리는 우주가 읽고 있는 그림책과 동화책을 읽어 주었다. 첫째가 깨어있는 시간이 많아서 두리를 위해 따로 시간 내기가 어려울 때마다 첫째에게 동화책과 그림책을 읽어 주면서 두리에게도 태담을 해 주며 같이 읽어 주었다.

'동화책태교'는 실제로 뱃속 아이에게 태어나기 전부터 먼저 동화책을 읽어 주는 것이다. 그림이 많고 아이 수준에 맞게 내용이 길지 않아 읽어 주기에 부담이 없다. 그림책은 색깔이 다양하여 눈에 자극이 많이 되기 때문에 시각적 태교에도 도움이 된다.

아직 태어나지는 않았지만 실제 아이에게 그림책이나 동화책을 읽어주듯 구연동화를 하는 것처럼 생생하게 읽어주면 뱃속 아이에게 더 자극이 될 것이다. 동화책을 선택할 때는 폭력이나 싸움같이 공포심을 갖게 하는 내용을 피하는 것이 좋다.《백설공주》나《빨간모자》처럼 "악"의 존재가 뚜렷한 내용 보다 선하고 밝은 동화책을 선택하는 것이 좋다. 뱃속 아이에게 두려움을 느끼게 만들어 악영향을 미칠 수 있기 때문이다.

'동화책 태교'를 처음 시작할 때는 그림이 많은 것을 골라 아이의 상상력을 높여주고 익숙해지면 교훈이 있는 내용의 동화책이거나 동화 위인전을 읽어주어 뱃속 아이에게도 자극을 주는 것도 좋은 방법이다.

기분 좋은 가을바람이 부는 어느 날, 남편이 나에게 한담해안산책을 제안했다.

"자기야 우리 오랜만에 한담해안 산책길이나 나가 볼까?"

"그래 가자!"

우리는 살랑이는 가을바람을 느끼며 한담해안 산책길로 향했다.

"밖에 나오니까 너무 좋다~~역시 한담해안산책길은 언제나 와도 좋아"

유모차를 꺼내어 우주를 태우고, 남편과 함께 산책길을 걸으니 온몸이 무거웠던 나도 마음만은 가벼웠다.

가을의 한담해안은 처음 와봤다. 가을이라 그런지 하늘은 유달리 더 높고 파랬다. 산책길 옆으로 보이는 에메랄드 빛 해변은 임산부인

애메랄드빛 바다와 산책로

애월 바다를 바라보며 걷고 있노라면
그 자체가 힐링이 된다.
조금 쉬어 가도 괜찮다. 느림의 미학이 있는 제주니까.

나의 감수성을 자극했다. 선선한 바람이 부니 낮인데도 상쾌한 기분이 들었다. 처음에는 둘이서, 그리고 셋이 되어 왔던 이곳에 다시 뱃속의 두리까지 넷이 되어 오니 감회가 새로웠다.

가을, 산책하기에 좋은 날씨라 그런지 많은 사람들이 산책을 하고 있었다. 에메랄드 빛 해변에 취해 사람들의 여기저기서 카메라로 사진을 찍고 한담을 즐기고 있었다. 사람들 사이로 천천히 유모차를 끌고 산책을 하면서 푸른 바다와 돌담이 어우러진 풍경을 한껏 가슴에 담았다.

"두리야~ 이곳은 엄마 아빠가 좋아하는 한담 산책길이야~ 우리 두리 생기기 전에 많이 왔었어~우리 두리한테도 이 에메랄드 빛 바다를 보여 주고 싶었단다. 이 바다처럼 가슴이 넓은 사람이 돼야 한다~ 사랑해~"

두리에게 태담을 하고 나니,뱃속의 아이가 더욱 감사하게 느껴졌다.

한담해변산책길은 애월한담공원에서 곽지과물해변까지 바닷가를 따라 구불구불 이어져 있고, 그 길이가 1.2킬로미터에 달한다. 요즘의 인기를 반영이라도 한 듯, 지금은 카페들이 많이 생겼다.

곽지과물해변쪽에서 걸어가다 보면 한담해변 끝나는 부분에 드라마 '맨도롱또똣' 으로 유명세를 탄 카페 '봄날' 이 있다. 산책길 중간에도 힐링 카페, 족욕 카페 등 새로운 형태의 카페들이 많다. 최근에는 한담에 지드래곤의 카페로 유명한 '애월드 몽상'까지 가세하면서 한담의 인기는 식을 줄 모르고 있다.

　제주의 바다와 바람을 온몸으로 느끼며 천천히 이 길을 걸어가길 바란다. 남편과 앞으로 예비 엄마·아빠에 대한 마음가짐에 대해 이야기를 해도 좋고, 뱃속 아이에게 태담을 하면서 걸어도 좋다. 산책이 끝나고 나면 한결 가벼워진 마음과 임신 중의 스트레스를 한방에 날려 보낼 수 있을 테니까.

여행 TIP

산책길의 출발점은 애월한담공원에서 시작해 곽지과물해변까지 가도 되고, 반대로 곽지과물해변에서 애월한담 공원까지 가도 된다.

주소 : 제주시 애월읍 애월리 2467
입장료 : 무료
주차 : 애월한담공원 앞 무료주차, 곽지과물해변 무료주차장

06
—

송악산 둘레길
제주의 아름다움이 있는 곳
[임신 25주/숙면태교]

며칠 전 서울에서 내려온 남편 지인을 만났다.
처가 식구들과 함께 내려왔다는 그 지인은 1년에 몇 번씩 제주에 내려
와 여행을 하다 올라가곤 했다.

"이번엔 어디 가세요?"

"송악산 둘레길 가요. 제주스럽다고 해야 되나? 거기는 갈 때마다
좋더라고요."

제주에 올 때마다 송악산 둘레길을 간다는 남편의 지인은 이번에도
처가 식구들에게 송악산 둘레길을 보여주고 싶어 다시 간다고 했다.
제주에 오래 산 나도 송악산 둘레길은 갈 때마다 주변 환경과 바다의
조화가 잘 어우러져 매번 감탄하는 곳이다.

결혼 전 나는 제주 올레길의 매력에 빠져 올레길을 완주했다. 제주의 올레길은 코스 하나하나 다 매력이 있지만, 그래도 가장 아름다운 올레 코스 중 하나가 바로 송악산 둘레길이 있는 10코스이다. 해안로를 따라 둘레 길을 걷다 보면 산책길과 바다의 조화가 감성여행의 분위기를 만들어 낼 수 있다.

산책로를 따라 걷다 보면 바다 지평선 너머로 마라도가 보이고 그보다 조금 더 가까운 곳에는 형제 섬이 보인다. 남쪽 해안과 형제 섬의 조화를 보는 것만으로도 감탄이 나올 만큼이다. 가을에서 초겨울까지는 하얀 억새가 송악산을 수놓는다. 한쪽에는 살랑살랑 바람에 움직이는 억새를 바라보고 또 한쪽에는 끝없이 펼쳐지는 바다를 바라보며 걷고 있노라면 나도 모르게 감성에 빠져든다. 둘레 길을 걷다 보면 퇴적층과 절벽층을 많이 볼 수 있다. 이것 또한 밋밋한 길보다 더 제주답고 매력이 있다.

송악산 주변에는 산방산과 용머리해안, 하멜 표류지등이 있어 한꺼번에 묶어서 코스를 짜면 주변 관광지를 한눈에 볼 수 있다. 단 산방산은 임산부가 오르기에는 험하기 때문에 피하는 것이 좋다. 산방산은 굳이 오르지 않아도 멀리서 보는 것만으로 그 웅장함이 멋스러워 감탄할 수 있으니 굳이 못 올라간다고 아쉬워 할 필요는 없다.

용머리해안은 겹겹이 쌓여 있는 해안 절벽이 장관을 이루는 곳이다. 해안 자연 돌로 이루어진 만큼 가는 길이 고르지 않고 위험할 수 있으니 임산부에게는 권하고 싶진 않다. 용머리 해안 대신 바로 옆에 하멜 표류지에서 잠시 휴식을 취하는 기분으로 구경을 해도 괜찮다.

하멜 표류지는 네덜란드인 하멜이 조선을 서방에 알린 인물로 일본으로 건너가던 중 폭풍으로 배가 제주로 표류하여 제주에 오게 되었다. 그의 제주 표류를 기리기 위해 만들어진 곳이 바로 하멜 표류지이다.

둘째 두리를 임신하고 25주가 되었다. 둘째라서 그런지 배가 첫째 때보다 더 빨리 커졌다. 오랜만에 보는 지인들은 볼 때마다 배가 커지는 것 같다고 했다. 임신 6개월까지는 몸이 좀 가볍다고 생각이 들지만 7개월 차에 들어서면서 내 스스로도 몸이 점점 무거워지는 걸 느끼니 피로감이 더 몰려왔다.

"자기야 이제 몇 개월이지?"

"7개월! 왜?"

"자기 걷는 거 보니 우주 임신할 때가 생각나서⋯이제 뒤뚱뒤뚱 걷기 시작하네. 배도 하루가 다르게 커지고⋯요즘 많이 피곤해? 자기 코도 골더라⋯"

아이가 본격적으로 커지면서 횡격막을 누르니 잠을 잘 때 여간 불편한 게 아니다. 왼쪽으로 누워서 자면 왼쪽으로 체중이 실려 왼쪽 치골뼈가 아팠고, 오른쪽으로 돌려서 자면 또 오른쪽 치골뼈가 아팠다.

몸을 옆으로 누워 웅크리고 자다가 나도 모르게 기지개를 펴려고 하면 다리에서 근육 경련이 일어났다.

"자기야 다리 다리…경련 너무 아파…아아~"

"엄마 엄마.... 앙앙앙"

자다가 갑자기 다리에 경련이 일어나면 너무 아파 나도 모르게 소리를 질렀다. 그 소리에 잠에서 깬 우주는 또 엄마가 아파하니까 울고 남편이 눈을 비비며 일어나 다리 마사지를 해주고 경련이 멈춰야 다시 잠을 청할 수 있었다. 자다가 중간에 일어나 화장실도 2번 정도는 갔다 와야 했다. 상황이 이러니 이래저래 잠을 설친 나는 코골이 소리도 날이 갈수록 커졌던 모양이다. 내가 잠을 설치고 중간에 깨다 보니 남편도 덩달아 잠을 못 자 아침에 일어나면 서로의 얼굴에 피곤함이 역력했다.

실제로 임신 7개월이 되면 숙면을 못 취해 피곤하다고 호소하는 임산부가 많다. 숙면은 임산부의 피로감 회복과 뱃속 아이의 성장에 영향을 미치므로 아주 중요하다. 즉 '숙면 태교'를 잘해야 뱃속 아이의 성장호르몬이 원활히 분비되고 영양 공급이 이루어져 안정적인 태내 환경이 만들어진다. 임신 기간에는 보통 8~9시간 정도 잠을 자는 것이 좋은데 5시간 이상 숙면을 취해야 몸의 피로감을 덜 느낀다.

산부인과 의사들은 배가 불러오는 5개월부터 다리 사이에 베개를

송악산 둘레길은 갈 때마다
주변 환경과 바다의 조화가 잘 어우러져
매번 감탄하는 곳이다.

끼워 왼쪽으로 누워서 자는 걸 권장한다. 왼쪽으로 누워서 자야 혈액이 뱃속 아이에게 원활히 공급되기 때문이다. 하지만 한쪽으로만 자다 보니 체중이 왼쪽으로만 실려 어깨와 다리가 저려왔다. 그럴 때마다 자는 중간에 오른쪽으로 번갈아 가며 잠을 청하니 체중을 분산시킬 수 있었다. 천장을 보고 누우면 커진 자궁 때문에 혈관이 눌려 뱃속 아이에게 가는 혈액의 양이 줄어든다. 이는 또 아이에게 영향을 미칠 수 있으므로 옆으로 누워서 자는 습관을 들여야 좋다. 요즘에는 임산부용 보디 필로우가 많이 나와 있어 임산부의 숙면을 도와주니 참 좋은 세상이다.

낮에 카페인이 들어간 홍차, 녹차, 초콜릿을 자제하는 것도 숙면에 도움이 된다. 한 번은 스트레스를 받는 날 초콜릿을 먹었는데 그날 잠을 자는 중간에 깨서 다시 잠을 청하기 어려웠다. 그 이후로는 초콜릿을 먹지 않았다. 잠이 잘 들지 않을 때에는 잠들기 30분 전에 미지근한 물로 샤워를 해서 몸을 이완 시키면 긴장이 풀리고 혈액 순환이 잘 되면서 숙면에 도움이 됐다. 낮 시간 동안 산책을 하거나 가볍게 운동을 하는 것도 숙면을 취할 수 있게 해 주었다. 몸이 무겁다고 휴식만을 취하는 것보다 가볍게 걷기 운동을 하면 몸의 혈액순환이 원활히 되어 숙면을 취하는데 도움이 된다.

몸이 피곤하여 자꾸 집에서 낮잠만을 청하게 되어 날이 좋은 오후

기분 전환하러 오랜만에 동생과 함께 송악산 둘레 길에 갔다. 여전히 아름다운 남쪽 바다가 한눈에 들어왔다. 해안가라 바람이 불어왔지만 기분 나쁠 정도는 아니었다. 송악산 둘레 길을 천천히 걸으면서 내 눈앞에 펼쳐진 풍경을 보고 있으니 피로감이 싹 물러가는 듯했다.

"두리야 요즘 엄마가 잠을 설쳐서 우리 두리도 피곤한지 모르겠구나. 오랜만에 송악산 둘레길에 왔어. 저기 남쪽 바다에 보이는 형제섬이 있는 풍경은 엄마가 아주 좋아하는 풍경이란다. 우리 두리도 오랜만에 바다 보니까 기분 좋지~ 우리 조금만 참자! 이제 얼마 안 남았구나. 건강하게 잘 자라 주렴"

두리에게 태담을 하고 나니 요즘 잠을 못 자서 미안했던 마음도 한결 가벼워졌다. 그날 밤 산책을 하다 와서 그런지 오랜만에 숙면을 취할 수 있었다.

가벼운 산책으로 기분 전환하며 숙면 태교까지 취할 수 있으니 일거양득의 하루였다.

날 좋은 봄. 유채꽃을 구경하러 산방산 근처로 가던 중 다시 송악산에 들렀다. 송악산 정상 및 정상 탐방로는 훼손지역 복구를 위해 2020년 7월 31일까지 출입을 제한하고 있었다. 정상 탐방로 까지 못 가도 괜찮다. 송악산 둘레길만 걸어도 충분히 힐링이 된다.

요즘 제주는 시시각각 변화하고 있다. 변화의 모습이 너무 커서 간

혹 제주의 모습을 잃어가고 있는 건 아닌가 하는 걱정이 들 때도 있다. 이런 변화 속에서 제주의 모습을 잘 간직한 곳이 바로 송악산 둘레길이다.

진정한 제주다움이란 어떤 것일까? 아마도 푸른 바다와 목가적인 분위기 이런 것이 아닐까? 제주의 트렌디한 핫 플레이스도 좋지만 제주다움을 느끼고 싶을 때 송악산 둘레길을 천천히 걸어 보는 건 어떨까? 제주의 형제섬을 바라보며 뱃속 아이에게 아름다운 제주의 풍경을 엄마의 눈을 통해 전해 주는 거다. 뱃속 내 아이에게 아름다운 자연 풍경을 보여주면서 엄마도 행복해지는 걸 경험할 수 있을 것이다.

여행 TIP

유채꽃이 피는 3~4월이면 송악산에 가기 전, 산방산 주변의 유채꽃을 구경하며 유채의 향기를 맡으며 봄을 만끽할 수 있다.

주소 : 서귀포시 대정읍 송악관광로 421-1
입장료 : 무료
주차 : 무료

07
—

동백 꽃길을 걷고 싶다면
카메리아 힐

[31주차/향기태교]

"이게 무슨 향이지? 우와~벌써 동백꽃이 피었구나!"

오랜만에 동네 산책을 하다가 향긋한 향이 코끝을 찔러 주변을 둘러보니 빨간 동백꽃이 피어 있었다. 빨간 동백꽃을 보는 것만으로도 기분이 좋은데 향기까지 코를 자극하니 왠지 모르게 감성까지 자극되었다. 나는 동백꽃이 있는 쪽으로 다가가 깊이 향기를 맡았다. 향긋한 꽃향기를 맡으니 소녀가 된 듯 어디론가 꽃놀이를 가고 싶다는 생각마저 들었다.

임신을 하면 유달리 감수성이 풍부해진다. 그래서일까. 무심히 지나갈 수 있는 동네 한 어귀에 핀 동백꽃의 자태와 향기에도 마냥 기분이 좋아졌다. 그때 내 기분이 좋아진 걸 알아챈 건지 두리가 태동을 했다. 나는 배를 쓰다듬으며 산책을 즐겼다.

임신 4~5개월부터 뱃속 아이도 냄새를 알아낼 수 있는 뇌가 발달해 냄새를 맡을 수 있다. 뱃속 아이는 자궁 안에서 느꼈던 냄새를 기억하기 때문에, 엄마가 좋은 향기를 맡으면 그만큼 뱃속 아이에게도 좋은 영향을 미친다. 이때 '향기 태교'를 하면 효과가 좋다. '향기 태교'는 임산부의 긴장된 몸과 마을을 안정시키는 효과가 있다. 임산부는 우울함을 쉽게 느끼기 때문에 자연의 향으로 마음을 안정시키는 것이 좋다. 나 또한 임신 기간에 순간순간 많이 우울함을 느꼈다. 그때마다 남편이 가끔 사다 주는 꽃의 향을 맡으면 이내 기분이 좋아졌다. 첫째는 꽃이 많이 피는 4~5월에 임신 중기를 보내다 보니 자연스럽게 꽃구경을 많이 다니면서 향기 태교를 했다. 둘째 두리는 가을 겨울에 임신 중·후기를 보내다 보니 꽃구경을 갈 기회가 많지는 않았다. 그래서 길을 가다가 꽃집이 보이면 꽃을 사와 향기를 맡으면서 기분 전환을 했다.

그날 저녁 나는 남편에게 오전에 동네 산책을 하며 동백꽃의 향기와 그때 느꼈던 행복감을 이야기하며 언제 한번 카메리아 힐에 동백꽃 구경 가자고 했다.

"자기야~요즘 동백꽃이 많이 피었더라. 언제 한번 어머님 댁에 우주 맡기고 이 겨울 가기 전에 두리랑만 동백꽃 구경하러 갔다 오자"

"동백꽃 구경하고 싶었구나! 그래 그러자"

남편과 카메리아 힐을 가자고 약속을 하고 며칠 후 제주에는 이례적인 폭설이 많이 내렸다. 항상 주말이면 교외로 나가 바람을 쐬면서 두리에게 여행 태교를 해 주고 있었는데, 며칠째 내린 폭설 때문에 집에 꼼짝달싹 갇혀 있게 되었다.

임신을 하면 10개월을 어떻게 버티나 하고 생각이 들지만 눈이 오는 기간 동안 밖에도 잘 못 나가고 집에만 있으니 시간이 더 빨리 흐르는 듯했다. 돌이켜 보니 힘든 입덧 시간을 견디다 보면 어느새 3~4개월이 흘러 있고, 컨디션이 좋아졌네 하고 있으면 벌써 후기에 접어들고 있었다. 두리를 임신하고 언제 봄이 오나 했는데 어느덧 임신 31주차가 되었다.

배는 눈에 띄게 커졌고 커진 배 때문에 오래 서 있거나 앉아 있으면 허리 통증에 시달려야 했다. 왼쪽 오른쪽으로 번갈아 가며 잠자리를 청해도 배의 무게가 한쪽으로 쏠려 허리 통증 때문에 중간에 잠에서 깨기도 했다. 배가 커지면서 자궁이 위장을 눌러 소화도 잘 되지 않았다. 조금만 먹어도 배가 불렀고, 욕심을 부려 많이 먹다 보면 항상 소화불량에 시달렸다. 저녁을 많이 먹으면 어김없이 위의 쓴 물이 올라오는 듯한 역한 기분을 자주 느꼈다. 한 번의 임신 경험이 있는 나였

지만 이런 몸의 변화가 새롭게 느껴졌다.

8개월부터 본격적으로 배가 불러오면서 소화력이 약해진다. 이럴 때 무리하여 많이 먹지 말고 조금씩 나눠 먹어야 한다. 이 시기에는 변비에 걸리기도 쉽다. 나 또한 변비가 와 매끼 야채를 챙겨 먹고 유산균 요구르트를 먹으면서 몸 관리를 했다.

8개월 차부터 산부인과 정기검진도 한 달에 한 번에서 2주에 한 번으로 바뀐다. 2주 만에 찾은 산부인과 검진인데도 하루하루 커져가는 배를 보며 이번엔 몸무게가 얼마나 늘었나, 두리는 얼마나 컸을까 설레었다. 다행히 몸무게는 2주 전과 변화가 없었고, 두리는 400g이나 커져 있었다.

"아기는 잘 자라고 있습니다. 이대로 잘 자라주기만 하면 3kg 정도로 낳을 수 있을 것 같네요"

첫째 우주는 태반이 작아 2.43kg로 저체중아로 태어났다. 그런 탓에 항상 우주에게 미안했다. 둘째 두리는 3kg 정도로 태어날 수 있다는 말을 들으니 엄마로서 해 줄 수 있는 걸 할 수 있겠구나, 생각하니 기분이 좋았다. 두리는 아무 탈 없이 쑥쑥 잘 커주고 있었다. 두리의 몸이 커지는 만큼 태동도 세져 가끔 발을 빵 찰 때면 배가 아파 나도 모르게 "아~!!"하고 소리를 지를 만큼이었다.

겨울에 제주의 동백꽃은 매섭고 추운 날씨를 이겨내며 피어나는 만큼 그 빨간 자태가 가슴 시리게 아름답다. 겨울이 가기 전 동백꽃 구경을 가자던 남편과의 약속은 연이은 제주의 폭설로 항상 다음 주 다음 주로 미뤄지고 있었다. 더 이상 미루다가 동백꽃이 다 져버리면 어쩌나 걱정이 되어 날씨가 추웠지만 동백꽃을 보러 오랜만에 까멜리아 힐로 나들이를 갔다.

추운 날씨에도 카메리아 힐에는 이미 많은 관광객들이 와 있었다. 입구에서 매표를 하러 줄을 서는데 입구 앞 표지판에 '연이은 제주의 폭설로 동백꽃이 많이 시들었습니다. 온실1,2에서는 동백꽃을 감상할 수 있습니다' 라는 글귀가 눈에 들어왔다.

"어쩌지…역시 폭설로 동백이 많이 졌나 봐…"

"그래도 보자. 우리 두리랑만 오는 시간이 많지 않아…."

"그래"

매표를 하고 까멜리아 힐로 들어서니 정말 동백꽃들이 연이은 폭설을 못 견디고 많이 시들어 버렸다. 예전에 와서 봤던 화려한 동백꽃의 풍경은 아니었다. 남편의 손을 잡고 천천히 걸으면서 구경을 하니 다시 기분이 좋아졌다.

이전에 봤던 화려한 동백꽃은 비록 없었지만 아직도 살아남아준 동백꽃들과 중간에 있는 포토 존에서 사진을 찍으니 더없이 행복해졌다. 천천히 산책길을 걷다 보니 갑자기 소록소록 눈이 내리기 시작했다. 동백 동산에서 맞는 눈의 향연이라니! 영화의 한 장면처럼 금세 빨간 동백꽃에도 하얀 눈송이가 자리를 잡았고, 동백 동산은 눈의 나라가 되었다.

"와~너무 낭만적인데~눈까지 내리고…두리야 이것 봐 동백 동산에 눈까지 내리고 있어. 이런 보기 드문 장면이 있나! 빨간 동백에 앉은 눈송이들을 봐~너무 이쁘지? 이게 겨울이란다. 너랑 이런 환상적인 장면을 보게 되다니 엄마가 너무 기분이 좋은 걸!"

갑자기 두리가 태동을 했다. 콩콩콩 나의 기분이 전해져서 그런지 동백 동산을 걷는 동안 두리가 뱃속에서 놀고 있는 게 느껴졌다. 날씨가 너무 싸늘해지자 우리는 온실로 발걸음을 옮겼다. 대 온실에는 아직도 활짝 피어난 동백꽃과 영춘화 매화꽃도 전시되어 있었다. 꽃향기가 코를 자극했다.

"음~꽃향기가 너무 좋다" 나는 연신 동백꽃이며 매화꽃의 향기를 가슴 깊은 곳까지 들여 마셨다.

"그렇게 좋아?"

"그럼! 동백만 보러 왔는데 이렇게 향기 태교까지 하고 있잖아! 이런 좋은 자연의 향기는 맡기 힘들기 때문에 많이 맡아서 두리한테 전해 줘야 돼"

대 온실에서 휴식을 취하며 나는 꽤 긴 시간 꽃의 향기에 취했다. 온실을 나와 다시 눈을 맞으며 산책을 끝내고 우리는 아쉽게 발걸음을 돌렸다.

카메리아 힐은 양언보 대표가 사비를 털어 직접 동백꽃 500여 종, 6천 그루의 동백나무를 심어 조성한 곳이다. 우리가 지금의 카메리아 힐을 보기까지 25년이라는 시간과 노력을 투자하여 만들어진 곳이 바로 이곳이다.

우리에게 이미 익숙한 빨간 동백꽃뿐만 아니라 하얀 동백꽃, 분홍 동백꽃, 장미꽃을 닮은 동백꽃, 무궁화를 닮은 동백꽃등 그 종류도 다양하게 전시되어 있다. 동백꽃이 개화하는 12월~3월 사이가 동백꽃을 감상하기에 가장 좋지만 산책길 주변에 수목원이 조성되어 봄이나 가을도 푸른 이파리의 동백나무를 볼 수 있다.

여름이 되면 수국이 핀다. 여름에 와서 수국의 향연을 보는 것도 카메리아 힐을 즐기는 방법이기도 하다.

임산부에게 '향기 태교'는 임산부의 기분 전환에 도움이 되고, 그 향기가 아기에게 전해지면 그만큼 좋은 태교도 없다. 자연이 주는 향기야말로 가장 좋은 향기 태교이다.

겨울에 제주로 태교 여행을 온다면, 동백꽃의 향연을 볼 수 있는 카메리아 힐, 여름이라면 수국의 향기에 푹 빠지게 되는 카메리아 힐! 이곳에서 꽃내음 가득한 '향기 태교'를 해 보는 것은 어떨까?

카메리아 힐 근처에는 맛 집이 없다.이동 전 서귀포 지역이나 중문 지역에서 식사를 하고 가는 게 좋다.

주소 : 서귀포시 안덕면 병악로 166
전화번호 : 064-792-0088
입장료 : 성인-8000원, 어린이-5000원
주차 : 무료

08
—

함덕서우봉 둘레길
일몰이 영화처럼
펼쳐지는 곳
[임신 32주차/뷰티태교]

"언니! 요즘 임부복으로 뭐 입어?"

"뭐 별거 있니? 임부 레깅스에 원피스 입지"

"그치 나만 그런 거 아니지? 근데 임부복 입으니까 옷맵시가 안 나서 말이야"

"맞아~ 임부복이 문제가 아니라 몸매가 문제 같아. 배 들어가고 다시 임신 전으로 돌아가면 뭘 입어도 예쁘겠지만, 허리선이 없으니 뭘 입어도 옷맵시가 안 나!"

오랜만에 임신한 친한 후배를 만나 임산부 패션을 이야기하면서 여자는 임신을 해도 어쩔 수 없는 여자인가 보다라는 생각을 했다 '어떻게 하면 임산부도 예뻐 보일까? 어떤 옷을 입어야 임산부도 맵시가 날까? 둘째를 임신한 나도 첫째 임신할 때 했던 고민을 또 하고 있었다. 결혼 안한 친구들이 예쁘게 화장을 하고 멋진 옷을 입고 나타날 때마다 빨리 아이 낳고 예쁘게 꾸미고 싶다는 생각이 간절했다.

'아름다움'의 추구는 여자로 태어난 순간 피할 수 없는 숙명 같다. 임신을 하면 몸매가 변하고 얼굴에는 기미가 생기며 몸에는 튼 살이 생기는 등 많은 변화를 겪는다. 이런 많은 변화로 우울감이 찾아오는데 이 또한 현명하게 대처를 해야 한다. 일명 '뷰티태교'를 해야 한다.

나는 둘째 임신이라 요령이 생겨서 너무 펑퍼짐한 임부복은 입지 않는다. 하의는 임부복을 입되 상의는 니트나 신축성이 좋은 티셔츠를 매치하여 D 라인이 그대로 드러나게 신경을 써서 코디를 한다. 임부 원피스를 고를 때에도 여성복 중 디자인이 예쁜 루스한 핏을 고른다. 아니면 색상이 화사하거나 패턴이 화려한 것을 고르면서 비록 임산부일지라도 패션에 신경을 썼다. 임산부 패션 중 가장 활용하기 좋은 것은 선글라스, 모자, 스카프 같은 소품을 이용하는 것이다. 작은 소품 하나로도 멋을 낼 수 있어 우울한 기분을 떨칠 수 있었다.

호르몬의 영향으로 기미가 생기기 때문에 천연화장품의 미백라인과 천연팩을 이용해서 피부 관리도 꼼꼼히 했다. 기미를 피할 수는 없었지만 많이 짙어지는 것을 예방할 수는 있었다.

오랜만에 외출을 하려고 옷을 코디하며 전신거울을 보고 있었다.

"연예인처럼 몸에는 살이 없는데 배만 나오는 경우는 힘든 거구나~자기는 살 안 찌고 배만 나올 줄 알았는데…이번에도 살이 찌네."

"연예인은 개인 트레이너가 붙어서 관리하겠지!"

"그치? 그게 쉬운 게 아니지? 그래도 우주 임신했을 때 자기 살찐 거 봐서 그런지 어색하지는 않은데…그래도 뭔가 아쉽다고 해야 하나?"

"쳇"

둘째임에도 전신 거울로 임신한 내 모습을 보고 있으면 낯설게만 느껴졌다. 남편도 이런 나의 모습이 적응이 안 되는지 매일 볼 때마다 다르다며 신기해했다. 그러면서도 점점 살이 찌는 내 모습에 아쉬워하는 눈치였다.

나도 점점 임산부 몸매로 변하는 내 몸을 볼 때마다 뱃속 아이가 커 가는 게 기쁘기는 했지만 임신 전 몸매로 돌아가지 못하면 어쩌나 내심 걱정도 됐다. 그럴 때마다 '아이를 잉태하려면 엄마가 이 정도의 희생은 감수해야 돼' 하며 예쁘게 태어날 아이의 모습을 떠올리며 위안을 삼았다.

거울을 보고 있으니 첫째 우주를 임신했던 어느 주말 여름이 머리를 스쳤다. 그때 나는 내 몸매를 바라보며 옷맵시가 나지 않자 임신 전에 입었던 옷을 입으면 옷맵시가 날까 생각했었다. 여름이라 예쁜

함덕해수욕장에서 들려오는 파도 소리를 들으니 귀가 즐겁다.

서우봉으로 향하는 산책길바다를
감상하며 천천히 걸어본다.

원피스를 입고 싶었다. 임부용 원피스를 입으면 옷맵시가 안 나니 옷욕심이 더 많았다. 옷장에서 잔뜩 원피스들을 꺼내 하나씩 입어 봤지만 역시 들어가지 않았다. 좌절하며 우울해진 날 보며 남편이 기분 전환하러 밖에 나가자고 했다.

집에서 나온 우리는 드라이브를 하며 교외로 빠져나왔다.

"어디 갈까?"

"음…오랜만에 함덕이나 갈까?"

"좋아~"

여름이라 그런지 함덕 해변에는 관광객들과 도민들이 서로 어우러져 많은 사람들이 해수욕을 즐기고 있었다. 해변에서 비키니를 입고 뽐내는 여자들을 보니 임신 전 남편과 함께 해수욕을 즐기러 왔던 때가 생각났다. '나도 저렇게 비키니를 입었었는데…불과 1년밖에 안 지났는데 몸매는 엄청 차이가 나네. 빨리 아이 낳고 살 빼서 다시 입어야지' 비키니를 입던 평범한 일상마저 부러웠다.

남편과 손을 잡고 해변을 걸으며 바다에 발을 담갔다. 살랑살랑 파도에 발이 간지러웠다. 파도에 발을 담그며 해변을 거니는 것만으로도 금세 기분이 좋아졌다. 역시 밖에 나오길 잘했구나 싶었다. 임신 중에 집에만 있으면 자꾸 쳐지고 우울한 생각이 드니 밖에 나와 산책을 하거나 교외로 드라이브를 다니는 것은 임산부의 정신 건강에 좋다. 단, 항상 몸을 생각하여 무리하지 않은 범위에서 중간에 휴식을 취해야 한다.

함덕 해변을 빠져나오면 함덕 해변에서 유명한 델 문도 카페가 보인다. 바다 가까이에 인접한 카페라 안으로 들어가 바다가 보이는 창가에 자리를 잡아 차 한 잔과 빵 한 조가을 먹으면 그것만으로 힐링이 된다. 제주의 바다가 보이는 카페에서 베이커리를 함께 파는 카페는 흔치 않다. 이곳은 전문 파티쉐가 아침 7시부터 오후 5시까지 빵을 굽는다고 한다. 그래서 빵이 신선하고 맛이 있다. 이곳의 크림과 팥 앙고가 들어간 제주 돌빵은 제주에서만 맛볼 수 있는 빵이다.

델문도 카페 주차장과 연결되어 있는 길을 따라가다 보면 서우봉으로 올라가는 길이 보인다. 낮은 언덕길이라 임산부가 걷기에도 무리가 없다. 서우봉 둘레길을 따라 올라 갈수록 시원하게 탁 트인 함덕 해변이 눈에 들어온다. 한눈에 들어오는 함덕 해변의 전경을 보고 있으면 그 어떤 명화도 자연이 주는 아름다움을 따라갈 수 없다는 걸 느낄 수 있다. 해변을 보며 천천히 산책해 보자. 갑갑했던 마음도 확 풀리는 기분을 느낄 수 있을 것이다.

서우봉 정상에는 아름다운 함덕 전경과 바다를 천천히 감상할 수 있도록 벤치가 놓여 있다. 이곳에 앉아 지난 연애시절을 이야기하며 옛 추억을 떠 올려 보는 것도 괜찮다.

함덕은 참 추억이 많은 곳이다. 제주의 해변을 떠 올린다면 함덕 해수욕장이 가장 먼저 떠 올릴 만큼 나에게 함덕 해변은 추억이자 그리움이다. 파란 바다만 봐도 좋은데 바다와 어우러진 푸른 서우봉이 있으니 더욱 멋스럽다.

뜨거운 여름, 해변에 자리를 잡아 일광욕을 하면서 서우봉을 바라보면 그 푸르름에 저절로 힐링이 된다. 무엇보다 함덕 해변을 더욱 빛나게 해 주는 건 해수욕뿐만 아니라 길게 뻗어 있는 함덕서우봉 둘레 길을 걸을 수 있어서다. 둘레 길은 언제나 가도 좋다. 임산부가 가기에도 무리가 없어 남편과 함덕 해변을 거닐고 좀 쉬다가 서우봉 둘레 길을 산책하면 좋다.

오랜만에 또 서우 봉에 올랐다. 서우 봉에 오르니 결혼 전 웨딩 촬영을 했던 추억이 떠올랐다. 나는 제주의 풍경을 그대로 담아 영화처럼 결혼사진을 찍고 싶었다. 그래서 선택한 곳 중 하나가 함덕 서우봉 둘레길이다. 함덕 서우봉둘레길을 해질녘에 오른다면 바다에서 보는 일몰을 그대로 감상할 수 있다. 그 장면은 마치 영화의 한 장면처럼 로맨틱한 분위기를 자아낸다. 사랑하는 남편과 함께 손을 잡고 걷는다면 나는 영화의 여주인공이 되고 남편은 남주인공이 된다. 영화 '라라랜드'의 세바스찬과 미아가 되어 사랑에 빠지기 전 설렘을 다시 느낄 수 있을 것이다. 서우봉을 걸으면서 임신 기간 서로에게 예민했던 마음도 풀고, 다시 신혼의 기분을 느껴보자.

함덕 해수욕장은 여름에 사람이 많이 붐비는 곳이다. 봄, 가을이 함덕 해변을 거닐기에 좋다. 함덕 해변을 거닐고 델문도 카페에서 잠시 휴식을 취한 후, 함덕 서우봉 둘레길을 걸어보자.

서우봉 정상에서 바라 본 함덕 해변의 절경.

주소 : 제주시 조천읍 함덕리 1008
전화번호 : 064-728-3989
입장료 : 무료

09

곽지과물해변
해변을 즐기고 거닐며
아이에게 말 걸기
[임신 36주/태교일기]

'곽지과물해변'은 나에게 참 특별한 장소이다. 남편을 처음 만나 데이트를 한 곳이 바로 곽지과물해변이다. 5년 전 겨울, 그날의 그의 만남과 설렘이 아직도 눈앞에 생생하게 그려진다. 제주시와 비교적 가까이에 있는 곽지과물해변은 제주 사람들에게 계절에 관계없이 데이트하기에 참 좋은 장소다. 겨울에 곽지 해변을 걸으며 이야기꽃을 피웠던 기억이 있다. 나는 그때 처음으로 겨울 바다가 이렇게 예뻤나 감탄을 했었다.

그날 나에게 곽지과물해변이 더욱 특별했던 건, 카페 '태희'에서의 추억 때문이다. 카페 '태희'의 주인장은 클럽 메드의 셰프였던 김태희씨다. 그는 세계를 누비며 살다 제주 곽지해변에 다시 터를 잡았다.

카페 '태희'에는 수제 버거와 누들요리를 판다. 무엇보다 이곳의 진

가는 피쉬엔칩스와 산미구엘 생맥주에서 발휘된다. 이곳의 피쉬엔칩스는 적당하게 바삭한 튀김옷과 생선이 어우러져 자꾸 손이 간다. 연애시절 바다가 보이는 큰 창 앞 테이블에 앉아 먹는 피쉬엔칩스와 산미구엘은 그 분위기에 취해 더욱 맛있었다.

첫째를 임신하고 서울에서 임신 8개월에 제주로 내려와 36주를 향해 달리고 있었다. 임신 9개월쯤 아이는 거의 완성된 신생아의 모습을 갖추게 된다. 힘이 세져서 그런지 그쯤 보물이의 태동이 더 강해져 가끔 발을 빵빵 찰 때면 배가 아프기까지 했다. 아이를 만날 날이 별로 안 남았다고 생각하니 설레면서도 출산을 생각하면 조금 두렵기도 했다. 아이가 점점 살이 붙고 커져 갈수록 나의 체중은 더욱 늘어났고 여기저기 쑤시고 아파왔다. 배가 많이 커져 배꼽은 튀어나올 정도였다. 쏙 들어가 있던 내 배꼽이 툭 튀어 나오는 걸 보니 약간 우습기도 하면서 낯설게 느껴졌다.

"자기야 이것 봐"

"배꼽이 툭 튀어 나왔네~!"

"응 그것뿐만 아니야…손가락 좀 봐봐 오뎅처럼 퉁퉁 부었어. 발가락도 그렇고. 허리도 너무 아프고, 치골통도 갈수록 심해지고 있어"

"에공 자기가 정말 고생많다…"

"응 근데 나 좀 억울해. 왜 나만 이런 고통을 느껴야 되지?"

"그건 내가 대신 해 줄 수 있는 부분이 아니잖아. 조금만 참아 이제 얼마 안 남았어. 대신 내가 마사지 해 줄게"

출산이 다가 올수록 몸이 무거워지는 만큼 신경도 날카로워졌다. 남편은 아빠라는 자리에 무임승차하는 것 같았고, 엄마가 되기 위해 몸의 변화를 오롯이 여자만 감당해야 되는 것에 대한 억울함마저 느껴졌다. 가끔 배가 당기거나 뭉치는 느낌이 들 때면 '이게 진통인가?' 하고 처음 받는 느낌에 겁이 나기도 했다. 한 아이를 잉태한다는 자체가 이렇게 여자의 많은 희생을 감내해야 되는 건지…

화장실 가는 횟수도 늘어 하루에도 몇 번씩 화장실을 들락거려야 했다. 여성 호르몬의 영향으로 감수성까지 더욱 예민해졌다. 조금 슬픈 영화를 봐도 눈물이 났고 같은 풍경을 봐도 눈에 더 선명하게 잘 들어와 그 아름다움이 눈에 콕콕 박혔다. 임신 내내 시를 써볼까 생각할 만큼 감수성이 폭발했다. 그때마다 임신 초기부터 태교 일기로 시를 대신하기도 했다.

'태교 일기쓰기'는 태아의 성장 기록을 일기 형태로 적는 것이다. 임신기간에는 엄마와 뱃속 아이가 공감하는 것이 중요한데, 나도 태교 일기를 쓰면서 보물이와의 공감을 형성 하는데 도움이 됐다. 나는 산부인과에서 정기검진을 받은 날이나 외출을 하여 기분이 좋은 날 나의 감정의 변화를 아이에게 말하듯 솔직하게 적어 내려갔다. 뱃속 아이에게 편지를 쓴다고 생각하니 긍정적인 내용을 많이 적게 된다.

무기력하거나 우울감에 빠지려고 할 때 태교 일기는 내 감정을 다스리기에도 많은 도움이 되었다.

특별한 일이 없을 때는 읽었던 책에 대해 독후감을 쓰거나 글을 읽다가 좋은 글귀가 있으면 그것을 적어 놓곤 했다. 태교 일기를 다 쓰고 그 내용을 뱃속 아이에게 낭송해 주면 특별히 태담을 하지 않아도 좋은 태담 효과까지 줄 수 있으니 태교일기는 그야말로 일석이조의 태교 방법이다.

나는 가끔 육아가 힘들거나 육아에 지쳐 내 아이가 예뻐 보이지 않을 때 태교 일기를 꺼내 본다. 그러면 다시 임신할 때의 기뻤던 마음이 떠오르면서 마음을 다 잡는데 도움이 됐다. 지금 쓰고 있는 이 책은 둘째 두리의 태교 일기의 더 발전된 버전이라고 할 수 있다. 후에 나의 아이들이 이 책을 보며 엄마가 얼마나 행복하게 임신 기간 열 달을 보냈는지 읽을 생각을 하니 더욱 사명감이 생긴다.

8월의 끝자락, 임산부라 바다 수영을 못하지만, 나는 바다가 무척이나 보고 싶었다. 서울에 살면서 가장 아쉬웠던 게 바다를 보고 싶을 때 마음껏 못 보는 거였다. 제주는 보고 싶으면 그냥 가면 된다. 그날도 우리 부부는 바다가 보고 싶어 곽지과물해변로 갔다.

여름의 곽지해변은 사람들로 북적북적 거렸다. 아이들과 어른들이 깔깔거리며 물놀이를 하는 것을 보니 당장이라도 수영복으로 갈아입

뱃속 아이에게 파도 소리를 들려 주고 싶었다.

고 물속으로 뛰어들고 싶었다. 만삭의 임산부가 할 수 있는 건 그저 해변을 거닐고 물놀이하는 사람들을 보며 즐거워하는 것뿐! 그래도 여름의 분위기를 느낄 수 있어 기분이 좋았다.

우리는 사람들이 많이 있는 쪽을 피해 한담산책로 가는 쪽으로 방향을 돌렸다. 조금 한적하고 사람이 없어 둘이 해변을 걸으며 여름 바다를 느끼기에 좋은 장소였다.

'철썩철썩' 파도 소리가 귀를 자극했다. 이 얼마나 내가 듣고 싶어 했던 소리인가! 나의 뱃속 아이에게도 이 자연 그대로의 소리를 들려 주고 싶었다. 눈을 감고 걸으면서 파도 소리에 귀를 기울이니 파도소리가 잔잔한 음악처럼 느껴졌다.

"보물아~엄마가 보여주고 싶었던 바다야~ 푸른 바다…제주도에는 이런 바다가 많이 있단다. 엄마는 이 곽지해변을 좋아해~ 왜냐면 아빠랑 처음 데이트 왔던 특별한 곳이거든~ 그래서 나도 아이가 생기면 다시 한번 오고 싶었어…

이제 곧 둘에서 셋이 되는구나…엄마 아빠는 정말 행복하단다. 우리 보물이 태어나면 또 오자!"

보물이에게 태담을 하고 나니 이 곽지 해변은 정말 우리 가족에게 더욱 특별한 장소가 된 듯했다. 맨발로 모레의 감촉을 느끼고 또 시원한 바다에 발을 담갔다. 왔다 갔다 하는 파도의 장단에 맞춰 발장난을 치고 있으니 마치 어린애로 돌아 간 듯했다.

"자기야 우리 사진 좀 찍을까? 우리 추억의 장소에서 우리 보물이 와 함께 기념해야지!"

나는 미리 준비해 간 보물이 색동 양말을 꺼내, 포즈를 취했다.

하얀 모래사장과 파란 바다가 어우러진 곽지 해변에서의 사진은 보고만 있어도 기분이 좋아진다.

곽지과물해변은 제주시내에서 가까워 큰 부담 없이 들릴 수 있는 곳이다. 성수기인 한여름만 피한다면 다른 해변에 비해 사람들이 많지 않아 부부가 오붓하게 걷기에도 적합한 장소이다. 곽지과물해변 근처의 카페 태희에서 피쉬앤 칩스를 먹거나 곽지해녀의 집에서 전복죽을 먹고 해변을 걷는다면 또 한편의 추억을 만들 수 있다.

곽지과물해변은 바로 옆에 한담해안 산책길과 연결이 되어 있다. 곽지과물해변에서 바다를 거닐며 쉬다가 천천히 한담해안 산책길을 걸어도 좋다. 걷다가 힘이 들면 한담해안 산책길의 카페 한 곳을 정해 휴식을 취하면 큰 부담 없이 바다와 산책을 모두 즐길 수 있을 것이다.

제주의 푸른 바다가 보고 싶을 때, 뱃속 내 아이에게 철썩철썩 거리는 파도 소리를 들려주고 싶을 때 곽지과물해변을 한번 들러보길 바란다.

곽지과물해변을 천천히 걸으면서 뱃속 내 아이에게 말을 걸어 보면 어떨까?

아기자기하고 운치있는 까페 태희

한담해안 산책길 쪽 근처에 있는 해변이 사람들이 덜 붐빈다.

주소 : 제주시 애월읍 곽지리
전화번호 : 064-728-8884
주차 : 무료

10

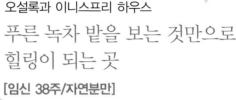

오설록과 이니스프리 하우스
푸른 녹차 밭을 보는 것만으로
힐링이 되는 곳
[임신 38주/자연분만]

며칠 전 임신을 준비하는 친한 후배가 집에 놀러 왔다. 결혼 3년 차인 후배는 아직 아이가 안 생겨 본격적으로 아이를 준비한다고 했다. 후배는 임신준비 과정부터 산부인과 정보 등 여러 가지를 물어봤다. 나는 그동안 임신 준비 했던 과정들을 이야기해 주며 마음을 편하게 먹으라고 조언을 해 줬다.

"언니~!자연분만 힘들지 않아요? 언니는 무통주사도 안 맞았잖아요?"

"그랬지!"

"나는 자연분만 못 할 것 같아요~ 그 고통을 어떻게 참아요~ 처음부터 마취하고 제왕절개 할 생각이에요~"

"응? 아직 아이도 안 생겼는데 벌써 제왕절개 생각을 한다고?"

그 후배의 제왕절개를 생각한다는 말은 다소 충격적이었다. 나는 부부관계가 출산 전과 다르다는 이유로, 자연분만이 고통스럽다는 이유로, 좋은 날에 태어나야 한다는 생각으로 스스로 제왕절개를 택하는 산모 얘기를 들을 때마다 안타깝다. 태교의 관점에서 보면 가장 좋은 분만은 자연 출산이다. 촉진제나 무통주사 같은 화학적인 개입 없이 가장 자연스럽게 아이를 낳는 것이 아이를 위해 가장 좋다. 뱃속 아이의 상태나 산모 컨디션의 위험 요소가 있다면 안전을 위해 자연분만도 괜찮다. 우리가 잊지 말아야 할 것은 10달 동안 어두컴컴한 엄마의 자궁에 있다가 아이가 세상 밖으로 나가고자 하는 본능을 지켜주고 자연스럽게 출산을 하는 것이 아이를 위한 마지막 태교라는 점이다.

본능적으로 아이는 세상 밖으로 나갈 준비를 한다. 엄마가 한 아이를 출산하는데 힘이 든 만큼 아이도 세상에 나오기 위해 엄마보다 10배의 안간힘을 쓴다. 그런 과정 속에서 힘들지만 탄생의 기쁨이 더 크게 다가오기 마련이다. 인위적으로 의사의 손에 의해 꺼내진다면 아이도 스트레스를 받는다. 고위험 산모가 아니라면 나는 꼭 자연출산이나 자연분만을 권해주고 싶다.

내가 첫째 아이를 임신할 때였다. 9월 중순 출산 예정 일이어서 9월 초에 임신 38주를 경험했다. 임신 37주부터의 출산은 정상 출산이므로 나는 언제 나올 줄 모르는 아이를 차분히 기다렸다. 당시 나는 조산원에서 아이를 낳으려고 자연출산을 준비하고 있었다. 매주 조산원에서 하는 강의도 듣고 관련 책들을 공부하고 매일 산책과 요가를 하며 준비를 했다.

하지만 막달부터 성장 속도가 더디고 출산 전에는 양수까지 줄어 고위험 산모로 분리되어 병원에서 르봐이예 분만법으로 출산을 했다. 그래도 아이 낳기 전까지 최대한 자연스럽게 아이를 낳고 싶어 자연출산을 고집했다. 다행히 르봐이예 분만으로 어두운 조명과 음악을 들으며 감동적인 출산을 했다. 그때를 생각하면 임산부에게 출산에 대한 두려움을 느끼는 만삭은 임신 초기보다 더 힘든 시기이다. 자궁수축은 더 자주 찾아왔고 몸이 무거워지니 집안일하기에도 부담스러울 정도가 되었다. 커진 배 때문에 잠을 설치는 건 다반사였다.

방 청소를 하다가 한번 쉬고 빨래를 하다가 한번 쉬고 하면서 쉬는 시간을 더 자주 분배했다. 그래도 피곤함이 느껴지면 낮에 30분~1시간 정도 낮잠을 자서 최대한 편안한 상태를 유지했다. 몸은 최대한 편안함을 유지하려고 노력했지만 출산에 대한 불안감과 두려움은 어쩔 수 없었다.

그러던 어느 날, 남편이 "우리 보물이한테 푸른 녹차밭 좀 보여 줄까?" 하고 외출을 제안했다. 녹차 밭에 간 김에 기념되는 만삭 사진을

녹차의 푸르름이 싱그럽다.
녹차향이 내 뱃속아이에게 전해지기를 바랐다.

찍고 오자고 결정했다. 오랜만의 외출이라 몸은 무거웠지만 마음은 무척 설레었다.

들뜬 마음으로 오설록 주차장에 도착했다. 주차장은 만 차라 우리는 멀리 떨어진 임시 주차장에 차를 세우고 한참을 걸어 오설록에 올라갔다. 한참을 올라가니 눈앞에 드디어 녹차 밭 풍경이 한눈에 들어왔다. 여름이라 그런지 녹차 잎은 아주 진한 녹색으로 그 푸르름을 더욱 뽐내고 있었다.

"와~ 역시 오설록은 올 때마다 너무 좋아~ 이렇게 좋은 곳이 제주에 있다는 건 정말 행운이야~"

푸른 녹차 밭을 보고 있으니 나도 모르게 감탄사가 흘러나왔다. 우리보다 일찍 도착한 많은 관광객들이 여기저기서 사진을 찍고 있었다.

우리도 서서히 걸으면서 녹차 밭을 산책하기 시작했다. 온통 초록에 둘러싸인 녹차밭의 향을 느끼고 싶어 깊이 호흡을 하고 걸었다. 가슴 깊은 곳까지 녹차 향이 차오르는 느낌이 들었다. 다시 손끝으로 녹차 잎을 만지며 깊게 호흡을 했다. 내가 마신 호흡이 나의 보물이게도 전해질 수 있도록 되도록 깊은 호흡을 반복 했다. 이것이야말로 오감이 즐거운 태교!

내 눈은 초록의 짙은 녹차 밭을 보며 정화가 되고 손끝으로는 녹차 잎을 느끼며, 깊은 호흡으로 녹차 향을 맡으니 이 보다 오감을 만족시키는 태교가 어디 있으랴!

집에 있을 때 느꼈던 불안한 기분이 어느새 날아가는 느낌이었다.

"보물아! 엄마는 녹차 밭에 나오니 너무 기분이 좋구나~~ 너도 느낄 수 있니?

이렇게 넓게 초록이 펼쳐진 건 처음 보지? 엄마랑 아빠는 녹차 밭에 왔어. 엄마가 느끼는 이 좋은 기분을 너도 마음껏 느껴 보렴!"

태담을 하고 나니, 보물이도 꼬물꼬물 대답으로 태동을 해 주는 듯했다.

우리는 녹차 밭을 걸으며 산책을 하고 만삭을 기념하는 만삭 사진도 찍었다. 오설록 녹차 밭 끝에 있는 나무 한 그루는 포토 존으로 손색이 없다. 푸른 녹색 나무 아래에 위치해 멀리 녹차 밭을 배경으로 사진을 찍으면 화보가 따로 없다. 나는 마치 이니스프리 광고에 나왔던 윤아라도 된 듯 사진을 찍으며 마음껏 녹차 밭을 즐겼다.

녹차 밭을 나오면서 나는 돌부리에 걸려 잠시 휘청 됐다.

"자기야 조심해~ 요즘 따라 자꾸 헛발질을 많이 하네"

"응 몸이 무거워지니까 무게 중심이 옛날하고 달라~ 동작도 느려지고~"

"알고 있어~자기 그러는 거 보니까 우리가 보물이 만날 날이 정말 얼마 안 남았구나~ 나도 아빠가 될 생각하니, 뭐랄까 더 책임감이 느껴져~"

내가 무거워진 몸과 예민해진 신경 탓에 남편에게 신경을 못 쓰고 있을 때 남편은 출산일이 다가올수록 점점 가장에 대한 책임감을 느끼는 듯했다. 내가 엄마가 되는 부담감만큼 남편도 가장으로서 어깨가 무겁겠구나 생각하니 더 잘 해 줘야겠다는 생각이 들었다.

우리는 녹차밭을 나와 티 뮤지엄으로 향했다. 티 뮤지엄은 우리나라 최대 규모의 차 문화 박물관이다. 이곳은 차와 찻잔이 전시되어 있고 차 문화의 전통과 역사를 볼 수 있는 곳이다. 가볍게 티 뮤지엄을 둘러보고 티 뮤지엄 내 카페에서 한숨을 돌렸다.

카페에서 파는 녹차 아이스크림과 녹차 롤 케이크는 정말 맛있다. 여름에 녹차 밭을 산책하고 티 뮤지엄에 들어와서 먹는 녹차 아이스크림은 감동적이기까지 했다. 아이스크림과 녹차 롤 케이크를 먹고 체력을 보충하고 전망대에 올랐다. 전망대에서 바라보는 녹차 밭과 사진 찍는 사람을 구경하는 것도 오설록을 다르게 즐길 수 있는 방법이다.

티 뮤지엄을 구경하고 옆에 이니스프리 제주 하우스로 향했다. 이곳은 나만의 녹차 만들기, 천연비누 만들기 등 다양한 체험 프로그램을 운영하고 있다. 그래서 성수기나 주말이 되면 아이들과 체험하러 온 관광객들이 몰리는 곳이기도 하다. 이니스프리 제주 하우스 내에도 카페가 있다. 이곳에는 제주도의 신선한 재료로 만든 이색적인 음식을 판다. 근처에 식당이 많지 않으니 가볍게 점심을 해결하기에도 좋다. 이니스프리 하우스 밖에 나오면 작은 녹차 밭이 있는데, 사람이 많지 않을 때 가면 둘만의 시간을 누릴 수도 있다.

우리는 오설록과 이니스프리 제주 하우스에서 초록이 주는 싱그러운 기운을 가득 안고 다시 집으로 향했다. 보물이가 태어나면 한 번 더 놀러 오자고 했다. 아 정말 그런 날이 올까? 우리 둘에서 셋이 되는 기분은 어떨까 상상하며 기분 좋게 오설록을 나왔다.

우리나라의 유명한 녹차밭 하면 전남 보성의 녹차밭을 가장 먼저 떠 올릴 것이다. 제주의 오설록을 보고 나면 이렇게 이쁜 녹차밭이 제주에도 있었나 하고 감탄을 자아낼지 모른다. 오설록이 지금처럼 유명해지기 전에는 한적한 마을이었던 '서광'에 위치하고 있어 조용하고 산책하기에 더 좋은 곳이었다. 지금은 근처에 영어마을, 신화월드가 조성되어 언제나 사람들로 북적 북적하다. 그래도 마음이 갑갑하거나 힐링이 필요하다고 느낄 때마다 한번 씩 찾는 곳인데 올 때마다 좋다. 오설록의 녹차 밭과 날씨의 조화가 가장 예쁜 날은 4~6월이다. 제주 태교여행을 온다면 오설록은 꼭 들려 보길 추천한다. 만삭 사진을 찍기에도 좋고 푸른 녹차 밭을 보는 것만으로도 힐링 여행을 할 수 있기 때문이다.

오설록 티스톤에서 진행하는 티클라스가 있다. 티클라스는 최소 2일 전에 홈페이지를 통해사전 예약을 받는다. 강의 시간은 홈페이지 공지.

주소 : 서귀포시 안덕면 신화역사로 15 오설록
전화번호 : 064-794-5312
매일 : 09:00~19:00(2018년 5/1~8/31)
매일 : 0900~18:00
녹차 아이스크림 : 5000원 녹차 롤케익 : 5,500원
홈페이지 : http://www.osulloc.com/kr/ko/museum

이니스프리 제주 하우스
전화번호 : 064-794-5351~2
매일 : 0900~18:00

CHAPTER

03

감동 – 눈으로 보며
미술 태교 하기

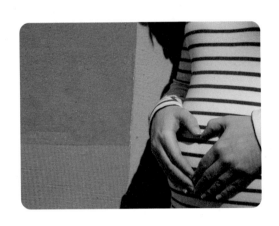

"두리야 엄마 아빠한테 와 줘서 고마워
엄마가 좋아하는 더럭 초등학교에 왔어
색감이 화려하지?
네가 태어나고 또 오자"

01

색채로 마법을 부린
더럭초등학교(구.더럭분교)

[임신 6주/휴식태교]

제주의 8월은 유난히 덥고 습하다. 바다가 가까이 있어서 그런지 어떨 때는 습한 정도가 불쾌할 정도이다. 바다가 가까워 좋을 때도 있지만 이렇게 덥고 습한 날에는 불쾌지수까지 올라간다.

"자기 요즘 왜 그렇게 민감해?"

"내가? 덥고 습해서 그렇지 뭐"

"그래? 요즘 컨디션이 안 좋아? 며칠 전에 오뉴월에도 안 걸리는 열감기를 8월에 걸리지 않나? 모유 수유 한다고 약도 못 먹고 해서 예민한 줄 알았는데…예민한 상태가 좀 오래 가네~ 혹시…아기 갖은 거 아닐까? 오늘 내가 우주 볼 테니까 병원 갔다 와봐~"

"그래. 안 그래도 자궁경부암 검사하러 산부인과 갈려고 했어."

단순히 덥고 습해서 요즘 짜증이 늘었나 했다. 그런데 생각해 보니 생리 예정일도 꽤 지났고, 며칠 전에 있었던 열감기 증상도 예사롭지 않다는 생각이 들었다.

"축하합니다. 임신이네요~"

역시나 임신이었다. 그것도 벌써 6주. 아기집뿐 만 아니라 아주 작은 생명체의 모습까지 보였다. '쿵쾅쿵쾅' 아이의 심장소리도 들렸다. 심장 소리를 들으니 감동이 밀려왔다.

'아~내가 육아를 하느라 몸의 변화를 늦게 알아챘구나!' 첫째 우주를 낳고 두 살 터울로 둘째를 낳고 싶어 계획 임신을 준비하고 있었지만 생각보다 아이가 빨리 찾아왔다.

3년의 공을 들여 어렵게 임신이 된 첫째에 비해 뜬금없이 찾아온 둘째 소식에 조금 놀라기도 했지만 너무 기뻤다. 첫째 우주를 임신할 때는 이 시기에 생리통처럼 배가 슬슬 아파서 밤에 잠을 자다가도 화장실에 몇 번씩 들락거렸다. 둘째는 배가 아픈 증상은 없었다. 아마 내 자궁도 그전의 임신 경험으로 적응이 되었으리라. 그래도 예민해지는 것은 첫째가 둘째나 매한가지였다. 첫째 때는 냄새에 예민해져 냉장고 냄새나 밥할 때 나는 냄새가 너무 역하게 느껴져 헛구역질을 해 댔다. 둘째는 냄새에 민감하게 반응하지는 않았지만 자꾸 배가 고프다는 생각이 들었다. 생각해 보니 평소보다 잠도 많아져 첫째를 재우면서 항상 같이 자곤 했다.

내가 우주 키우느라 모든 정신이 우주에게로 향한 사이 내 몸에서는 또 다른 생명이 자라고 있었던 것이다. 열감기로 내 몸이 먼저 신호를 보냈는데도 나는 육아로 체력이 떨어져 걸린 감기쯤으로 생각했다. 모유 수유를 하고 있어 약을 먹지 않은 게 다행이었다.

남편의 말이 맞았다. 임신 6주면 임신 기간 중 가장 민감해지는 시기이다. 그래서 나도 모르게 그렇게 남편에게 짜증을 많이 냈나 보다. 한 번의 임신으로 심경의 변화가 있는 나를 경험했던 남편이었다. 다행히 나의 짜증에 맞대응 하지 않고 침착하게 대응해 준 탓에 큰 마찰은 없었다.

"자기야 나 임신이래. 축하해 자기 이제 두 아이의 아빠야~"

"정말? 우~와 생각보다 빨리 생겼네. 우주야 이제 너 동생 생긴대. 기분 너무 좋다! 우리 오늘 외식하자. 나간 김에 바람도 쐬고 오고!"

둘째의 임신 소식에 남편도 기분 좋아했다. 우리는 둘째 생긴 기념으로 교외로 나가 식사를 하고 돌아오는 길에 하가리에 들렀다.

하가리는 연꽃 마을로 유명한 곳이다. 몇 년 전만해도 하가리는 제주의 아는 사람만 가는 작은 농촌 마을이었다. 이곳에 폐교직전의 더럭분교가 갑자기 유명세를 치르면서 알려지기 시작했다. 더럭분교가 유명해 진건 공공미술 프로젝트를 통해 아름답게 변해가는 모습을 S 전자가 TV 광고로 제작하면서 영상을 통해 알려지게 된 덕택이다. 근처에 연화 못이 있긴 했지만, 잘 알려진 관광지는 아니었던 하가리는 이제는 사진작가들의 출사지로 유명한 곳이 되었다. 지금은 사진 찍기 좋아하는 사람들이 방문하여 그 사진을 SNS 올리면서 더욱 유명세를 치르고 있다.

알록달록 색동옷을 입은 것처럼 색채가 아름다운 더럭분교는 프랑스의 컬러리스트인 장 필립 랑클로(Jean Philippe Lenclose)가 '제주도 아이들의 꿈과 희망의 색'을 주제로 건물에 색채를 입혔다. 특이한 것은 공공미술 대부분이 정부나 지방자치단체의 지원 사업으로 이루어지는데 반해 더럭 분교는 모 기업의 제품 광고를 위해 장 필립랑클로를 기용 했다는 것이다.

상업적 목적이면 어떠랴. 더럭 분교의 알록달록한 색채의 마법을 보고 있으면 만화 속에 들어온 거 같은 착각에 들 만큼 눈이 즐겁다. 단순히 학교 건물에 색채가 입혀진다고 이렇게 예쁠까라는 의문이 생길 수도 있다. 그래도 더럭 분교가 아름다운 건 그 색채로 둘러싸인 건물과 학교 주변의 나무와 잔디의 조화 때문일 것이다. 그저 삭막한 학교가 아니라, 작고 아담한 학교 건물 자체가 그 주변의 환경과 어우러져 하나의 작품으로 보인다.

동심으로 돌아가게 만드는 더럭 초등학교 화려한 색체가 시각적 자극을 준다.

매년 7~8월이면 하가리 연화못엔 연꽃이 핀다.

"음~ 밖에 나오니까 너무 좋다!"

"그러게~알록달록 색감이 너무 이쁘네~"

임신 초기 증상으로 짜증이 늘고 예민해졌던 나는 화려한 색상의 더럭 분교를 보자 다시금 기분이 좋아졌다. 오랜만에 학교에 오니 동심으로 돌아간 듯 신이 났다. 많은 관광객들도 이곳저곳을 돌아다니며 사진을 찍고 있었다. 우리도 천천히 산책하며 색채의 마법에 빠져 구경을 했다. 그렇게 한참을 구경하고 근처 연화 못으로 향했다.

연화 못은 그 면적이 3,700평으로 제주도에서 가장 넓은 연못이다. 마침 8월이라 제철을 맞은 연꽃들이 장관을 이루고 있었다. 이곳의 연잎은 몸통이 거대하고 그 양이 많아 빽빽하게 연못을 장식하고 있다. 잠시 차에서 내려 연못 한가운데 정자 사이로 나 있는 목재 산책로를 걸었다. 여름에만 볼 수 있는 이 장관을 놓칠 세라 눈에 담고 카메라에 담으며 연화 못을 감상했다.

더럭 분교와 연화못을 구경하고 나니 피로감이 몰려왔다. 근처 카페에 가려고 차를 돌리는 데 예전에 없던 카페들이 눈에 들어왔다. 우리는 사람이 많지 않고 더럭 분교와 조금 떨어져 있는 까미노(CAMINO)라는 카페에 들려 휴식을 하며 앞으로 늘어날 또 한 명의 가족에 대해 이야기를 했다.

바다가 보이지 않는 카페였지만 조용한 하가리 풍경이 한눈에 들어오는 이곳에서 여름 바람을 맞으며 차 한 잔을 하니 마음이 차분해졌다.

임신 초기는 감정이 예민하고 몸의 피로를 쉽게 느끼기 때문에 태교에 욕심을 부릴 필요는 없다. 임신 초기에 가장 좋은 태교는 바로 '휴식태교'이다. 누구나 몸이 힘들어지면 짜증이 늘기 마련이다. 임산부라면 호르몬의 영향으로 더욱 감정이 예민해져 짜증이 더 늘 수밖에 없다. 그럴 때일수록 적절히 휴식을 취하면서 몸을 쉬게 해야 한다. 아직 몸의 변화를 느끼는 때가 아니라서 임산부임을 인지하지 못할 수도 있다. 그러나 우리 몸은 아이를 만드느라 평소보다 더 피로감을 느낀다. 임신 초기에 느끼는 피로감이란 피곤하다는 범주를 뛰어넘는 극심한 피로감이다.

임신 초기에는 무리하지 않고 일을 하던, 육아를 하던, 가사 일을 하던 꼭 중간에 휴식의 시간을 갖는 것이 중요하다. 휴식을 취하면서 자신이 평소에 좋아하는 음악을 들으면서 음악태교의 워밍업 단계로 삼아도 좋다. 무리해서 처음부터 클래식을 듣기보다는 평소에 듣던 가요나 팝부터 들으면서 휴식을 취한다면 마음이 평온해지는 걸 느낄 수 있을 것이다. 여건이 된다면 낮잠을 30분 정도 짧게 자는 것도 임신 초기의 피로감을 풀 수 있는 방법이다.

임신 후기 다시 찾은 더럭분교는 2018년 3월부터 초등학교로 승격이 되어 있었다. 더럭초등학교의 인기를 반영하듯 카페가 많이 생겼다. 더럭초등학교를 구경하고 카페 한 곳을 들려 휴식을 취한다면 그곳에 있는 것만으로 힐링이 될 것이다.

색채로 마법을 부린 더럭초등학교! 제주에 온다면 이곳을 꼭 들러보긴 바란다. 색채가 눈에 많이 자극이 되어 뱃속 나의 아이에게도 좋은 자극이 될 것이다. 더럭 초등학교에서 눈을 즐겁게 했다면 근처 연화못을 산책하고 그 부근의 분위기 좋은 카페를 하나 골라 휴식을 취해 보자. 순간 '내가 제주에 잘 왔구나' 를 느낄 수 있을 테니까.

여행 TIP

하가리는 돌담이 예쁜 마을이다. 더럭 초등학교를 구경 후 마을을 산책하기에도 좋다. 근처에 조용한 카페들이 많이 있어 잠시 휴식을 취하기에도 안성맞춤이다.

주소 : 제주시 애월읍 하가로 195
입장시간 : 평일−18:00시 이후/토 · 일 개방

02
—

제주의 삶을
현대적으로 판화에 담은
왈종 미술관

[임신 16주/음식태교 I]

       요즘 제주에는 예술 활동을 하는 작가나 화가 들이 많이 내려와 작품 활동을 하고 있다. 그만큼 제주의 자연환경이 주는 아름다움이 그들에게 작품의 영감을 주기 때문일 것이다. 덕분에 그들의 좋은 작품들을 꼭 서울에 가지 않더라고 제주에서 볼 수 있다는 건 큰 행운이다. 그 좋은 작품들 중에 나의 시선을 끈 작품이 있다.

   바로 이왈종 화가의 작품들이다. 그의 작품은 밝고 경쾌하다. 예술이 심오하고 멀다는 생각보다는 우리 주변에 있고, 나의 이야기라는 생각이 들게 할 만큼 생활 친화적이다. 그는 자신의 제주 생활과 취미를 재미있게 작품으로 승화 시켰다.

내가 그의 그림을 처음 본 것은 신혼 초였다. 우연히 남편 회사에 들렀다가 로비에 전시되어 있는 그의 작품을 보게 되었다.

"자기야 이 그림은 누구 그림이야? 색감이 엄청 화려하네"

"이왈종 화가야 그림 되게 독특하지?"

"응. 내가 딱 좋아하는 스타일이야~ 이왈종 화백 한번 만나보고 싶네"

"그래? 서귀포에 왈종 미술관 있잖아~ 거기 가서 함 만나고 오자"

"정말? 우와 신난다~"

화려한 색감의 그의 작품은 그동안 제주에서 활동하는 여느 화가들에 비해 눈에 띄었다. 보통 유명한 화가들의 작품들은 무언가 심오하고 깊이가 느껴지는 작품인데 비해 이왈종 화가의 작품은 경쾌하면서 그의 제주 생활이 오롯이 작품에 드러나 있었다.

그런 그가 제주에서 작품 활동을 하고 있었다. 그것도 나의 고향 서귀포에서 말이다. 위치를 검색해 보니 내가 자주 가는 정방폭포 근처였다. 그렇게 정방폭포에 많이 놀러 가면서도 단순히 '어 이런 곳에 미술관이 생겼네~. 왈종 미술관 이름 특이하네.' 정도로만 생각했다. 무심하게도 그 특이한 이름의 왈종이 이왈종 화백인지는 몰랐다.

어느 주말, 우리는 왈종 미술관으로 향했다. 미술관 직원에게 부탁하여 이왈종 선생님을 꼭 좀 뵙고 싶다고 했다. 미술관 직원은 이왈종 선생님은 작업실에 계시니 잠시 미술관을 구경하고 있으면 선생님을 모시고 오겠다고 했다.

우리는 천천히 미술관을 구경했다. 그의 작품은 제주에서의 일상생활이 그대로 작품에 묻어 나왔다. 가장 인상적인 것은 골프를 소재로 한 그림이었다. 그림에서부터 그가 골프광임을 알 수 있었다. 그 밖에도 제주의 꽃 , 나무, 귤, 사람, 제주 풍경을 그의 독특한 시선으로 경쾌하고 재미있게 표현하고 있었다.

그렇게 미술관 구경을 거의 마쳤을 즘, 이왈종 화백을 만나 뵐 수 있었다. 짧고 하얀 턱수염에 털털한 웃음을 짓는 모습이 참 인상적이었다. 이왈종 화백과 이런저런 이야기를 나누면서 그의 작품관을 알 수 있었다. 그는 제주에 정착한지 거의 26년이 다 되어 간다고 했다. 안정적인 대학교수직을 뒤로하고 오로지 작품 활동을 하기 위해 제주에 왔다고 했다.

그는 "모든 것은 마음에 달려있고, 마음이 곧 법이죠…제주에 살면서 집착하지 않은 삶을 살려고 했어요. 그리고 제주 생활의 중도(中道)를 주제로 그림을 그리고 있죠."라며 너털한 웃음을 지었다.

또 그는 인생선배로서 "이제 결혼 한지 얼마 안 됐어요? 예쁜 아이도 낳고 행복하길 바라요~."라는 덕담도 잊지 않고 했다. 그의 작품 감상으로 마음이 풍성해 졌는데 좋은 말씀을 듣고 그의 작품이 담긴 시계 선물까지 받으니 정말 뿌듯했다. 언젠가는 다시 한 번 찾아와야지 생각하며 미술관을 나왔다.

이왈종 화백의 그림은
기분까지 밝아지게 한다. 미술관 2층 테라스에서는
서귀포 섶섬 풍경이 보인다.

둘째 임신 16주차를 맞았다. 병원 정기 검진이 있는 날이라 시부모님이 오셔서 우주를 봐 주신다고 했다. 16주면 그렇게 궁금했던 두리의 성별을 알 수 있을까? 병원 가기 전부터 설레었다. 우주가 남자 아이니 두리는 딸이어도 좋고, 남자 형제끼리 잘 논다고 하니 아들이어도 좋고 성별은 크게 신경을 안 썼지만 그래도 궁금했다.

"아이가 아주 건강히 잘 크고 있어요~ 자 어디 보자. 여기 다리 사이에 뭔가 하나 더 있죠? 둘째도 아들이네요!"

두리는 아들이었다. 고기가 당기면 아들이라고 했는데 임신 초기부터 고기만 찾던 난 속설이라 생각하면서도 맞는 말인가 하는 생각이 들었다. 병원을 나오고 시부모님께 말씀을 드렸더니 시부모님도 뛸 듯이 기뻐했다.

"오늘은 너무 기분이 좋구나…. 저녁은 우리 두리 좋아하는 고기로 먹자" 외식 갈 준비를 하고 소파에서 일어서는데 갑자기 현기증이 났다. 16주차에 접어들면서 잠자리에서 일어날 때나 가만히 있다가 움직이면 빈혈 증세가 심해졌다. 마침 의사도 철분제를 먹으라고 권고하여 철분제를 먹을 참이었다. 어찌나 몸의 변화가 교과서처럼 정확한지!

16주에 들어서니 첫째 우주 때와 비슷하게 온몸이 가려운 소양증 증상도 나타나기 시작했다. 호르몬의 변화로 피부가 가려운 소양증은 모든 임산부가 다 겪는 증상은 아니지만, 나는 두 번 다 겪었다. 가려움이 너무 심해 자다가 일어나서 온몸에 보습크림을 바르고 진정이 되면 다시 잠을 청할 정도였다.

임신 초기에 비해 컨디션은 많이 좋아졌지만, 4개월부터 배가 커지면서 이때부터 슬슬 허리에 통증이 오기 시작했다. 이럴 때 허리에 쿠션을 내고 앉아 있으면 허리 통증이 조금 완화되었다.

"그래, 야채랑 고기랑 맛있게 먹어라"

"네!"

4개월 차가 되면 입덧을 하던 임산부들도 많이 입맛을 찾는다. 그래서 입덧을 할 때 못 먹었던 음식을 폭식하거나 인스턴트, 패스트푸드 음식을 먹는 경우도 많다. 이 시기에는 살이 찌기 쉬우니 체중 조절을 생각하며 폭식을 하면 안 된다. 입덧이 사라져서 음식이 당기기 시작했다면 이때부터 '음식태교'를 하자.

음식태교의 기본은 엄마가 행복한 마음으로 기분 좋게 먹는 거다. 기분 좋게 먹는다고 하여 패스트푸드나 인스턴트를 많이 먹는 것은 곤란하다. 뱃속 아이의 두뇌가 제대로 발달하기 위해 단백질과 DHA가 절대적으로 필요하다. 패스트푸드나 인스턴트로는 아이가 필요한 영양을 채울 수 없다.

아이가 자라는데 필요한 칼슘, 혈액을 만드는데 필요한 철분은 반드시 필요한 영양분이므로 매일 유제품, 고기나 생선, 채소 과일을 챙겨 먹어야 한다. 요리를 한다면, 유기농 제품이나 친환경 제품을 사용하여 식품 첨가제나 방부제가 없는 제품을 선택해야 한다.

또한 아이에게 밥을 준다고 생각하고 지나치게 자극적이거나 짠 음식은 피하고 싱겁게 먹는 것이 좋다.

16주차 빈혈과 소양증이 날 괴롭혔지만, 그래도 극심한 피로감이 느껴지지 않아 몸은 훨씬 가벼웠다.

임신 중·후기 친정이 있는 서귀포에 올 때 시간이 나면 나는 가끔 왈종 미술관에 들렀다. 올 때마다 느끼지만 왈종 미술관의 작고 하얀 찻잔 모양의 미술관 건물이 참 독특하다. 마리오 보타(삼성미술관 라움 설계자)의 제자인 스위스 건축가 다비데 마쿨라와 한만원씨가 공동 설계했다는 이 건물은 건물 자체도 예술적으로 아름답다. 화려한 색상의 그림을 감상하며 나는 두리에게 감사했다.

"두리야 잘 자라줘서 고마워~ 엄마가 좋아하는 이왈종 선생님의 그림들이야. 그림의 색감의 화려하지? 제주에서의 일상을 아주 재미있게 그렸어. 네가 태어나고 또 오자"

태담을 하고 그림을 감상하니 마음이 한없이 따뜻해졌다.

미국의 화가 앤디 워홀은 가방, 화장품, 음료에 콜라보레이션을 통해 자신의 작품을 알리는 콜라보레이션의 천재다. 그처럼 이왈종 화백도 다양한 분야의 상품과 아트 콜라보레이션 작업을 꾸준히 해 오고 있다. 왈종 미술관 입구에 자리 잡은 커피숍에는 머그컵, 텀블러, 도자기, 머플러, 우산, 시계, 핸드폰 케이스 등 다양한 상품과 아트 콜라보레이션이 된 작품을 전시, 판매하고 있다. 이곳에 들려 생활 용품 속에 담긴 그의 작품을 감상해 보자. 또 다른 그의 작품 세계를 감상할 수 있을 것이다.

이왈종 미술관은 평소에 미술에 관심이 없었지만 임신을 하여 미술 태교를 한번 해 볼까 생각하는 임산부에게 권해주고 싶다. 그의 그림 자체가 무겁거나 심오하지가 않아 가볍게 감상하기에 좋다. 화려한 색감으로 눈에 자극도 되고 생활 친화형 작품들이라 부담 없이 미술 태교를 하기에 안성맞춤이기 때문이다.

여행 TIP

주변에 서복전시관, 정방폭포가 있어 함께 구경할 수 있다.
주차장은 정방폭포의 무료주차장을 이용한다.

주소 : 서귀포시 칠십리로214번길 30
전화번호 : 064-763-7600
입장시간 : 10:00~18:00
입장료 : 성인-5000원/어린이, 중·고등학생-3000원
홈페이지 : http://walartmuseum.or.kr

03

인공호수에 비친
건축물도 예술이 되는
제주도립미술관

[임신24주/음식태교2]

임신을 하면 조심해야 할 게 많다. 임신 초기는 뱃속 아이가 형성되는 시기이므로 먹는 것 하나 함부로 먹을 수 없고, 아이가 스트레스받지 않도록 엄마는 감정 컨트롤도 잘 해야 한다. 어디 그뿐인가? 나쁜 것은 되도록 보지 말아야 하기 때문에 예부터 상이 난 집에 임산부는 출입하지도 않았다. 임신 기간에 퇴사나 이사 같은 임산부에게 스트레스를 줄 수 있는 일은 되도록 삼가기도 했다.

임산부는 먹는 것에도 각별히 조심해야 한다. 먹는 것을 조절하지 못하면 임신성당뇨 같은 증상이 나타날 수도 있기 때문이다.

"안녕하세요 산모님. 산부인과입니다. 이번 당뇨 검사에서 당뇨 수치가 정상보다 높게 나오셨어요~ 일주일 뒤에 다시 재검하러 오셔야

합니다.”

첫째 우주를 임신했을 때이다. 음식태교를 하면서 매일 야채와 고기를 먹으며 식단을 조절하던 나에게 임당 검사에서 당뇨 수치가 높게 나왔다는 결과는 충격이었다.

'보물이한테 안 좋을까봐 내가 빵이나 과자도 안 먹었는데 이게 무슨 청천벽력 같은 소리야?'

보통 임신 24주차에 이루어지는 임당 검사는 혈액을 통해 당뇨 여부를 확인하는 검사로 사산, 난산, 저혈당증 등 임산부와 태아에게 위험한 합병증을 예방하기 위해 시행된다. 정상 수치는 140이었으나 나는 156으로 높게 나와 다시 재검이 필요하다는 소견이 나왔다.

재검까지 일주일 동안 야채 위주의 식단을 조절하며 다시 검사를 받으러 산부인과에 갔다.

아침에 먹는 음식에 따라 일시적으로 당 수치가 올라갈 수 있다고 하여 전날 9시 이후부터 금식에 들어갔다. 임당 검사하기 전에 마시는 포도당을 마시고 한 시간에 한 번씩 피를 뽑았다. 혈액 검사는 총 4번에 걸쳐 이루어진다. 4번 중 두 번이 정상 수치보다 높으면 임신성 당뇨로 확정을 받는다. 그러면 출산 할 때까지 철저하게 식단 관리를 하면서 당 수치가 높아지지 않게 관리를 해야 한다. 먹고 싶은 것을 참는 것만큼의 고통스러운 것이 없기 때문에 평소에 식단 관리를 잘 해야 한다.

다행히 재검 결과는 정상이었다. 그래도 한 시간에 한 번씩 4번 피를 뽑았던 걸 생각하면 다시는 하고 싶지 않다.

임신성 당뇨 때문이 아니더라도 임산부에게 '음식태교'는 중요하다. 엄마가 섭취하는 것이 그대로 뱃속 아이에게 전해지기 때문이다. 엄마가 무분별하게 탄수화물을 많이 먹으면 임산부 비만뿐만 아니라 태아도 정상보다 커져 난산을 초래할 수도 있다. 임신 중 영양 섭취는 뱃속 아이의 두뇌발달과 EQ(감성지수) 발달에도 영향을 미친다. 뱃속 아이의 정서는 엄마의 정서에 의해 결정 된다. 아이의 EQ가 발달하기 위해서 엄마의 풍부한 정서를 전달받으며 성장해야 한다.

'음식태교'는 기본적으로 삼시 세끼 규칙적인 식사를 하는 것이다. 여기에 인스턴트 음식은 피하고 고 영양 저칼로리 음식을 먹어야 임산부의 체중조절 뿐만 아니라 뱃속 아이의 성장에도 도움을 준다. 과도한 설탕 섭취는 아이의 성장을 저해하는 만큼 단 것이 먹고 싶을 때는 과일로 대체하는 것이 좋다.

임신성 당뇨 재검으로 바짝 겁이 난 나는 더욱 음식태교에 공을 들였다.

임신성 당뇨 재검으로 당뇨가 아니라는 확진을 받고 마음이 훨씬 가벼워진 나는 원래 계획대로 제주에 갈 수 있었다. 어렵게 가진 첫째라 해외가 아닌 가까운 제주로 내려갔다. 마침 제주 도립 미술관에서 '강요배전'을 하고 있었다. 강요배 화백은 제주 출신 서양화가로 제주의 풍경을 때로는 부드럽게 때로는 투박하게 표현한다.

거친 붓의 터치 감으로 제주의 풍경을 표현한 그의 그림을 보고 있으면 제주의 바다가, 제주의 사계절의 추억이 스쳐 지나간다.

"제주에 강요배 같은 화가가 있다는 건 참 행운이야. 제주사람이라 그런지 그림에서도 제주에 대한 사랑이 느껴져"

"그렇지? 그래서 나도 강요배 화가 그림 좋더라"

"응 이름도 강요배 특이하지 않아? 우리 보물이도 저렇게 한번 들으면 잊지 못할 특이한 이름 지어야 하는데…"

"그럼 그런 이름 지으면 되지~강요배라는 이름은 작가분 어머니가 4·3사건 때 흔한 이름으로 지으면 무작위로 색출해서 죽일까 봐 특이하게 지어서 이름이 불리지 않게 했다네."

나는 그날 강요배 전을 보며 느꼈던 감흥들을 엽서에 썼다. 집으로 돌아와 엽서 내용을 보물이에게 낭송을 해 줬다. 나는 보물이가 꼭 화가가 아니더라도 예술적 감각이 있는 아이로 자라나 주길 바랐다.

도심과 가까운 위치 때문에 제주도립미술관은 내가 자주 찾는 미술관이다. 첫째 우주를 임신하고 제주도에 내려왔을 때부터 둘째 두리를 임신한 지금도 거의 한두 달에 한 번은 꼭 가는 거 같다. 그래서일

미술관 정원에서도
조형물을 감상할 수있다.
미술관 내부.
조용히 미술 작품을
감상할 수 있다.

미술관 내부. 조용히 미술작품을 감상할 수 있다.

까. 첫째 우주를 데리고 미술관에 한번 들린 적 있는데 그렇게 까불대던 우주에게 그림을 보여주니 차분하게 그림을 감상했다.

누군가 "왜 이렇게 자주 가세요?"라고 묻는다면 제주도립미술관이 주는 운치가 좋아서라고 대답할 것이다. 그리고 미술관이 주는 그림과 풍경은 나에게 편안함을 준다.

미술관 건물 앞에 펼쳐진 연못도 좋고 미술관 연못으로 걸어가는 앞뜰의 풍경도 좋다. 미술관에 특별 전시회가 열리는 날에는 좋은 그림을 볼 수 있어서 더욱 좋다.

제주시 신비의 도로 인근에 위치한 제주도립미술관은 미술관 건물 자체가 거대한 미술 작품을 보는 느낌이 든다. 미술관 앞에 펼쳐지는 인공연못은 거울처럼 미술관 건물을 비추고 있어 연못의 깊이감이 증폭된다.

날이 좋은 날 미술관 1층 카페에 앉아 창밖으로 건물 앞에 드리워진 연못에 반사된 제주 하늘을 보고 있으면 그 자체가 예술 작품을 보는 것 같다. 미술관 건물은 콘크리트 프레임으로 구성되어 있는데 인공연못과 어울려져 더욱 아름답게 보인다.

미술관 앞뜰에는 임춘배의 〈토템〉등 여러 조형물이 전시되어 있다. 미술 작품을 감상하고 미술관을 산책 하는 것만으로 마음이 편안해진다면 이것이야 말로 미술태교가 되는 것이다. 편안한 마음이 나의 아이에게도 전해질 테고 미술 작품을 보면 시각적 자극을 줄 수 있으니 그야말로 일석이조이다.

"나는 미술에 관심이 없어요.", "나는 미술 잘 몰라요"라고 말해도 괜찮다. 미술은 머리로 이해하는 것이 아니라 가슴으로 받아들이는 것이다. 내가 느끼는 대로 내가 감동하는 대로 그 작품을 감상하면 된다.

제주도립미술관은 미술에 관심이 없지만 그래도 제주에 태교여행을 왔으니까 뱃속 아이에게 좋은 것을 보여주고 싶은 예비 엄마에게 가볍게 미술을 감상해 보라고 권해 주고 싶은 곳이다. 미술관에 가는 것만으로도 마음이 편안해지는 걸 느낀다면 그걸로 충분하다.

미술 감상을 하고 1층 카페에 들려 제주의 파란 하늘이 비친 연못을 보며 뱃속 아이에게 작은 손 편지를 써 보는 건 어떨까?

여행 TIP

미술관 관람 후 1층 미술관 카페에 앉아 잠시 쉬어 가 보자.
작품 감상 후 말랑말랑해진 감성에 힐링까지 덤으로 얻을 수 있다.

주소 : 1100도로 2894-78 제주도립미술관 **전화** : 064-710-4300
매일 09:00~18:00(10월~6월) **매일** 09:00~20:00(7월~9월)
휴무 : 월요일 /1월 1일, 설날, 추석 휴관
입장료 : 어른 : 2000원, 어린이 : 500원
홈페이지 : www.jmoa.jeju.go.kr

04
—

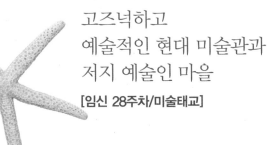

고즈넉하고
예술적인 현대 미술관과
저지 예술인 마을

[임신 28주차/미술태교]

제주가 주는 자연환경 때문일까? 가끔 사람이
많이 다니지 않는 제주의 한적한 시골에 들어가 소박한 마을의 돌담
이 있는 올레길을 걷다 보면 나도 모르게 글을 쓰고 싶다는 생각이 든
다. 제주에 오래 살고 있는 내가 이런데 가끔 제주에 바람 쐬러 왔다
가 정착을 하고 창작 활동을 하는 예술가들은 어떨까?

'저지 예술인 마을'은 제주도에서 제주지역 문화예술의 발전을 도
모하고자 정책적으로 조성된 곳이다. 마을을 걷고 있으면 그들이 이
곳에 왔을 때 그 적막한 제주 시골이 주는 분위기에 한껏 취해 이곳에
자리를 잡고 마을을 형성 하진 않았을까, 하는 생각마저 든다.

그 속에 현대 미술관이 자리를 잡았다. 한적한 제주의 시골 마을에
현대 미술관이라니, 라는 의문이 들 수도 있지만 한적한 곳에서 감상

하는 현대 미술은 또 다른 감흥을 주기에 충분하다.

둘째 두리를 임신하고 어느덧 28주차가 되었다. 이제 임신 7개월 차의 마지막 주가 된 것이다. 두리는 초음파 검사를 할 때마다 손으로 얼굴을 가리거나 몸을 내 배 쪽으로 안고 있는 자세를 취해서 쉽게 얼굴을 보여 주지 않았다. 그래도 잘 자라고 있다고 하니 걱정은 되지 않았다. 이제 몸도 제법 커졌고 머리가 아래로 향해 출산을 위한 자세를 취하고 있다고 했다.

두리가 점점 자랄수록 내 배도 커져 위장이 압박을 받아 소화가 예전처럼 잘 되지 않았다. 맛있는 음식이 있어도 위가 금방 차 양껏 못 먹을 때도 있었지만 뱃속 아이가 잘 자라고 있다고 생각하니 맛있는 음식도 참을 만 했다.

여느 때처럼 샤워를 하고 배에 튼살 크림을 바르는데 배 구석구석에 가느다란 보라색 선이 보였다. 임신선이었다.

"자기야 이것 봐~"

"아이코 이제 배가 엄청 크네~전부 두리 배 맞아?"

"아니~임신 선 생긴 거 안 보여?"

"아~우주는 8개월쯤 생긴 거 같은데 두리는 벌써 생기는 구나"

첫째를 임신할 때는 배가 비교적 작아 임신선이 많이 생기지 않았다. 둘째 두리는 정상적으로 크다 보니 내 배도 갑자기 커져 임신선이

어린이 조각공원의 안윤모 작품.

어린이 조각 공원의 안윤모 작품들.
낙천리 아홉굿 의자 마을.

꽤 생기는 듯했다. 임신선은 피하 조직이 파열되면서 생기는 일종의 피멍 같은 것으로 출산 후 점점 사라지기 때문에 걱정은 되지 않았다. 그래도 임신선이 생기는 걸 보고 있으니 약간 침울해졌다.

또다시 겪는 몸의 변화들은 여자에서 엄마로 가는 징검다리 같은 거였다. 한 번의 경험이 있었지만 자꾸 늘어가는 몸무게, 하얗던 내 살갗에 찾아오는 임신선을 보고 있으면 다시 여자로서의 아름다움을 찾을 수 있을까 하는 불안함 마저 들게 한다.

오랜만에 날이 좋은 겨울, 남편과 우주를 데리고 다시 현대미술관과 저지리 예술인 마을을 찾았다. 역시나 고즈넉한 저지리 마을이 우리를 반겼다. 미술관 주차장에 차를 주차하고 접근로로 들어서자 미술관 건물 위로 철골로 된 사람 형상의 설치 작품이 보인다. 손을 내밀고 있는 이 작품은 '안녕하십니까' 이다. 이 작품은 볼 때마다 방문객들을 맞이하는 기분이 든다. 오늘은 무슨 전시를 하고 있을까 기대를 하고 미술관 안으로 들어갔다. 특별한 작가의 전시는 없었지만 '제주비엔날레 2017 투어리즘' 이 전시되고 있었다. 생태와 예술의 관계, 자연과 어울려져 살아가는 우리들의 삶을 생각하게 하는 작품들이 전시되어 있었다. 천천히 작품을 감상하고 뒷문으로 나서니 어린이 조각공원이 펼쳐진다. 꽃과 야생동물의 몸통을 합성시킨 안윤모 작가의 작품이 있는데, 볼 때마다 익살스럽다.

"두리야 이것 좀 봐…엄청 재미있는 조각상들이 있네~ 몸은 공룡인데 얼굴은 꽃인 희한한 동물이야~ 참 재미있지?" 두리에게 작품에 대해 이야기해주며 걷고 있으니 시원한 바람이 얼굴을 스쳤다.

"자기야 여기는 나중에 우리 아이들이 조금 더 커서 오면 좋아하겠다"

"맞아 두리 태어나고 애들이 조금 더 커서 여기 어린이조각공원에 와서 뛰어 놀게하면 너무 좋겠다."

아이들이 커서 다시 와야겠다고 생각하니 괜히 흐뭇해졌다.

임신을 하면 주변 사람들로부터 좋은 것만 보고 예쁜 말만 하라는 소리를 들어봤을 것이다. 그만큼 뱃속 아이는 엄마를 통해 영향을 받는다. 엄마가 좋은 느낌을 얻을 수 있는 그림이나 자연환경을 보면 뱃속 아이도 오감의 자극을 받아 창의력과 집중력이 늘어난다. 특히 뱃속 아이는 6~7개월이 지나면 오감이 발달하기 때문에 시각적 자극을 해 주면 도움이 된다. 이 시기에 적극적으로 미술관 관람이나 전시회에 가서 '미술태교'를 해주면 엄마는 기분전환이 되고 뱃속 아이에게는 시각적 자극을 주게 되어 좋은 태교가 될 수 있다.

나의 후배 K는 임신 기간 동안 수채화를 배워 막달에 수채화 동호회 회원들과 같이 전시회까지 열었다. 그녀는 자칫 무료할 수 있는 임신 기간을 '수채화 배우기'를 통해 심신의 안정을 찾았고, 전시회라는 목적의식이 새로운 활력소가 되었다고 했다. 게다가 그림 그리기라는 미술태교를 통해 즐거운 태교를 할 수 있었다며 만족해했다.

실제로 예술 활동은 임신부의 심리적 불안감을 감소시키고 뱃속 아이와의 애착을 증진시킨다는 연구결과도 있으니 미술태교의 효과는 더 말할 나위가 없다.

우리는 미술관 구경을 마치고 미술관 왼편으로 잘 조성된 산책길을 따라 예술인 마을로 갔다. 한국식 추상 미술인 단색화의 거장 박서보의 스튜디오와 초점이 맞지 않는 여인들의 초상으로 유명한 중국인 화가 펑쩡지에의 작업실 등 각양각색의 건축물들과 정원 표석 등이 세워져 있었다.

개방된 작가의 작업실도 있지만 대부분은 굳게 잠겨 있어 외관만 훑어보는 것만으로 만족해야 해서 아쉬웠다. 그래도 예술인 마을을 산책하며 저지리의 고즈넉함을 느끼니 마음이 차분해졌다.

최근 저지리에 '물방울화가'로 유명한 김창열 화백이 제주도에 그의 작품 200점을 기증하여 제주도립김창열 미술관이 개관했다. 현대미술관을 들리고 김창열미술관을 관람한다면 온전한 미술태교를 할 수 있을 것이다.

저지예술인마을에서 빠져나와 조금 달리면 '아홉굿마을'이라는 작은 예술마을을 만날 수 있다. 아홉굿의 '굿'은 제주어로 샘을 뜻하고 아홉굿은 말 그대로 아홉 개의 샘이다. 마을에 들어서면 거대한 의자 조형물이 한눈에 들어온다.

클로버 의자, 그네 의자, 지네처럼 꼬리에 꼬리를 무는 의자 등 다양한 형태의 특이한 이름을 가지고 있는 의자들이다. '임자가 따로 있나 앉으면 주인이지' '왜 사냐고 묻거든 앉지요' 등 센스 넘치는 이름도 눈길을 끈다. 간간이 좋은 글귀가 적혀 있는 의자도 있어 잠시 사색을 하기에도 좋다.

현대 미술관과 저지 예술인 마을은 관광객이 북적이지 않아 조용히 그림을 감상하고 산책을 하기에 좋은 곳이다. 시끄러운 도심을 피해 제주로 태교 여행을 와서 굳이 사람 많은 관광지만 갈 필요가 있을까?

조용히 산책하고 미술도 감상하고 싶을 때 현대 미술관을 들려 그림을 감상하고 저지 예술인 마을을 천천히 산책해 보자. 현대 미술관과 저지 예술인 마을이 주는 그 특유의 고즈넉하고 예술적인 분위기가 마음을 차분하게 만들 것이다.

여유를 두고 천천히 미술관을 관람하고 저지리 예술인 마을을 관람하면 좋다. 이 곳은 제주에서도 고즈넉한 마을이니까.

주소 : 제주시 한경면 저지14길 35
전화번호 : 064-710-7801
매일 : 09:00~18:00(10월~6월)
매일 : 09:00~19:00(7월~9월)
휴무 : 매주 월요일/1월1일, 명절 휴관
입장료 : 어른(25세이상 64세 이하) 2000원, 어린이(7세 이상 12세 이하) 500원
홈페이지 : www.jejumuseum.go.kr

05
—

안도 다다오의
예술 작품 속으로
유민미술관

[임신 30주/DIY태교]

　　　자연이 인간에게 주는 기쁨은 어느 만큼일까?
누구나 한 번쯤 자연이 주는 아름다움에 인간이 얼마나 초라한 존재
인지를 느껴 봤을 것이다. 제주 자연 그 자체가 주는 아름다움에 안도
다다오는 자신의 색채를 더해 건축으로 교감하고 있다.

　유민미술관은 섭지코지에 있다. 목가적인 풍경 이었던 섭지코지에
휘닉스 아일랜드, 수족관 등 관광시설이 난 개발되면서 이전의 모습
을 찾아보기는 힘들다. 그나마 땅 밑으로 스며든 건축물인 유민미술
관은 섭지코지의 풍경과 어우러져 자연과 건축의 공존을 보여주는 듯
하다.

　안도다다오의 작품들은 잘 알려진 대로 노출 콘크리트를 기반으로
한다. 세계적인 건축가 중 한 사람인 안도다다오는 세계 곳곳에 자신

의 작품을 남겼다. 우리나라에도 그가 설계한 작품들을 선보이기 시작했는데 제주에만 유민미술관, 글라스하우스, 본태 박물관등 3채가 몰려있다. 스무 살에 건축업에 뛰어들어 생생한 건축현장에서 몸으로 건축 일을 배운 그는 고졸 학력으로 프리츠커 건축상을 탈 정도로 비약적 성공을 거둔 인물이기도 하다.

친한 친구의 결혼식을 앞두고 친구들끼리 휘닉스 아일랜드에서 1박 2일을 보냈다. 그곳에서 1박을 하고 산책을 하러 밖으로 나왔다. 휘닉스 아일랜드에서 섭지코지 방향으로 길을 걷다 보니 땅속으로 푹 내려앉은 건축물이 보였다. 노출 콘크리트 건물 밖에서는 전혀 내부를 짐작할 수 없었다.

"어? 여긴 뭐 하는 곳이지? 지니어스로사이?"

"그 안도다다오가 설계했다는 건축물 아니야?"

"그렇네~듣기만 해 봤지 여기에 있었구나. 한번 가보자"

우리는 입장료를 끊고 지니어스로사이로 안으로 들어갔다. 안으로 들어가니 돌무더기로 조성된 인공정원이 나왔다. 미술관으로 진입하기 전 인공정원은 돌의 거친 질감과 원색의 식물들이 조화를 이루고 있었다. 마치 다듬어지지 않은 제주의 곶자왈의 거친 느낌 같다고나 할까? 차갑게 보이는 노출 콘크리트 건축물이 품은 정원은 따뜻한 느낌이 물씬 풍겼다. 인공정원을 지나 낙수반 사이를 걸어 들어가니 지

돌담을 이용해 제주의 자연 환경을 건축 작품에 녹여 냈다.

미술관 내부로 들어 가기 전 입구는 제주의 돌로 공원을 조성했다.

니어스로사이 에서 가장 아름다운 풍경이 보인다. 가로로 길쭉하고 폭이 좁은 콘크리트 프레임을 통해 성산일출봉과 일렁이는 제주의 바다가 눈앞에 펼쳐진다. 어울릴 것 같지 않은 노출콘크리트와 제주 자연의 만남! 안도다다오는 제주의 바람과 하늘, 바다를 자신의 작품에 자연스럽게 녹여냈다.

우리는 좁은 골목길처럼 보이는 공간을 돌아 지하공간인 전시장 내부로 들어갔다. 전시장 내부에는 개별적으로 조성된 세 곳의 공간에 각자 다른 분위기의 비디오 아트로 꾸며져 있었다. 노출 콘크리트 그 속에서 느끼는 제주의 자연 그리고 비디오 아트라니! 그야말로 신선한 조화였다.

우연하게 들렸던 지니어스로사이. 그 곳을 나오면서 우리는 각자 앞으로 펼쳐질 우리의 미래에 대해 생각할 기회를 가졌다. 그리고 또 와야겠다며 아쉬운 마음으로 발걸음을 돌렸다.

오랜만에 컴퓨터 사진첩을 정리하다가 나는 친구들과 함께 갔던 지니어스로사이 사진을 발견했다. 지금은 각자 가정을 꾸려 자신만의 세계를 꾸려가는 친구들이지만 그때는 꿈 많던 젊은 청춘이었다. 사진 속의 날씬한 아가씨였던 나도 어느덧 한 가정의 엄마가 되었다고 생각하니 쏜살같이 흘러가는 시간이 야속하게만 느껴졌다.

사진속의 새침한 아가씨는 두 돌도 안 된 아이와 매일 씨름하며 화장실을 갈 때도 화장실 문을 열어야 하는 아줌마 생활로 바뀌었고 집에서 헐렁한 임부복을 대충 걸쳐 입은 30주의 임산부가 되어 있었다.

"뿡~ 어머!"

"자기 이제 내 앞에서 막 발사하는구나~!"

"조절이 안 돼. 나도 모르게 막 나와"

둘째 두리가 쑥쑥 잘 크는 건 아주 기분이 좋은 일이었지만 배가 커지고 자궁이 장기를 압박할수록 내 스스로 조절이 안 되는 것이 있었다. 바로 '방귀'였다. 함께 사는 남편하고도 예의를 지켜야 한다고 생각한 나는 남편 앞에서 생리현상을 잘 못 드러내는 성격이었다. 남편도 마찬가지였다. 첫째 때는 배가 작은 편이라 장기가 받는 압박도 그리 크지 않았는지 그럭저럭 조절이 가능했던 생리 현상도 둘째 때는 달랐다.

남편 옆에서 나도 모르게 '뿡~~' 나오면 애써 모른 척 딴 짓을 하곤 했다. 부부끼리 뭐 어떠냐며 생각할 수도 있겠지만 자꾸 그렇게 아줌마가 되어 가는 게 싫었다.

임신 30주! 이제 8주~10주 후면 두리를 만날 수 있다. 두리를 만나는 것은 너무 행복한 일이지만 다시 육아 전쟁을 해야 한다고 생각하니 아찔하다. 출산을 하면 엄마의 모성애가 커져 나의 아이에게 모유를 먹이고 싶은 욕심이 생긴다. 나 또한 그랬다. 힘들게 빨아야 나오는 모유에 비해 쉽게 잘 빨리는 우유병을 빠는 첫째를 볼 때마다 속이

상했다.

모유 수유는 생각보다 쉽지 않았다. 아이가 본능적으로 빨 것이라고 생각했지만 그렇지 않았다. 엄마도 처음이듯이 아이도 처음이기에 서로 맞춰가는 시간이 필요했다. 모유 수유 자세도 힘들고 어색했다. 어렵게 자세를 잡아 젖을 먹이면 빠는 힘이 없는 아이는 잘 안 나오다며 엄청 울어댔다. 유두 혼동인 온 아이 때문에 몇 번이고 모유 수유를 포기해야 하나 고민했지만 나는 생후 80일 만에 모유 수유에 성공했다. 그 사이에 양이 많이 줄어 분유와 혼합수유를 해야 했지만 그래도 돌까지 모유를 먹일 수 있었다.

임신 8개월 조금 더 빠르면 6개월부터 모유 수유 상식에 대해 배워두면 좋다. 출산 전 모유수유를 위한 마사지를 조금씩 하고 책이나 관련 강의를 들으면서 미리 준비를 하면 당황하지 않고 모유수유에 성공할 수 있을 것이다.

보건소에서 하는 모유 수유 강의를 들으러 갔다가 임산부를 위한 프로그램 중 오가닉 인형 만들기가 있어 시간이 맞아 들어봤다. 임산부가 손끝을 많이 사용하면 태아의 뇌가 발달하기 때문에 지방자치센터의 문화센터나 백화점등에서 많이 'DIY태교' 프로그램을 한다.

나는 원래 손으로 사용하여 만드는 것에는 소질이 없는 사람이라 인형 만들기나 십자수 태교가 잘 맞지는 않았다. 그래도 손재주가 있고 꼼꼼한 성격의 내 친구 E는 임신 기간 내내 십자수를 했는데 집중력도 생기고 손을 많이 움직여서 좋다고 했다.

손을 사용하는 것을 좋아하고 정적인 태교가 잘 맞는다면 뱃속 아이를 위해 배냇저고리, 손, 발싸개 만들기로 태교를 해도 좋을 것 같다. 집중해서 손으로 한 땀 한 땀 만들면 뱃속 아이와의 교감도 커지고 엄마의 인내심과 집중력도 아이에게 전달할 수 있을 것이다.

자신만의 독특한 디자인이나 색깔 크기 등을 생각하여 작품을 만든다면 창의성이 발달하게 되니 이 또한 뱃속 아이에게 긍정적인 영향을 끼칠 수 있다.

오랜만에 유민미술관(구.지니어스로사이)에 들렀다. 언제나 느끼듯 주변의 섭지코지 환경과 잘 조화를 이루는 곳이다. 멀리 보이는 안도다다오의 또 다른 작품 글라스하우스와는 대조적이다. 지니어스로사이는 최근 1년 반 사이 유민미술관으로 명칭을 변경하고 지하 전시실도 유리공예로 바뀌어 있었다.

산책하듯, 명상하듯 천천히 걸으면서 구경을 하니 노출 콘크리트 사이로 보이는 성산일출봉과 제주 바다가 더 아름답게 보인다. '참 어떻게 이런 생각을 했을까?' 다시 봐도 안도다다오의 차경(借景/빌려서 쓰는 풍경)능력은 놀랍다. 아니 제주의 풍경과 그의 작품이 어울려져 더 창의적으로 느껴지는 지도 모른다.

유민미술관은 미술관 건축 자체가 하나의 작품이다. 섭지 코지를 산책하며 기분을 충전하고 유민미술관에 들려 안도 다다오의 건축물을 보며 차분하게 유리공예를 감상해 보자. 유리공예 작품도 작품이지만 안도다다오가 주는 사색의 공간에서 마음이 차분해진 자신을 들여다볼 수 있는 기회가 될 것이다.

여행 TIP

미술관 내부 유리 공예 전시관이 다소 높은 편이다. 7세 이하 첫째가 있는 둘째 태교 여행이라면 같이 구경하기에는 무리가 있다.

미술관 내부는 유리 공예를 감상할 수 있다.

주소 : 서귀포시 성산읍 고성리 21
전화번호 : 064-731-7791
매일 : 09:00~18:00(17:30까지 매표)
휴무 : 매주 화요일
정상요금 : 12,000원
　　　　　휘닉스 회원(개인, 법인):6000원
홈페이지 : www.yuminart.org

06
—

서귀포의 추억이
거장의 손을 거쳐 탄생한
이중섭 미술관
[임신 33주/스세딕태교]

어릴 적 나의 초등학교는 이중섭 거리와 아주
가까웠다. 하교 후 지금의 이중섭 거리를 거의 제집 드나들듯 다녔다.
초등학교 친구들 중에 이중섭 거리에 사는 친구들이 많이 있어 친구
들과 어울려 이중섭 거리에서 많이 뛰어놀던 기억이 있다.

당시 지금의 이중섭 거리에는 많은 집들이 있었다. 그 중 유일하게
초가집 하나가 눈에 띄었다. 그곳에는 옆 반 친구가 살고 있었다. 그
동네 친구들은 초가집에 산다며 그 친구를 놀리곤 했지만 나는 초가
집 마당에 놀러 가는 것을 좋아했다. 어릴 적 뛰어놀던 그 초가집이
바로 이중섭 화가가 서귀포 피난 시절 살았던 이중섭 거주지다. 초가
집 위로는 이중섭 화가의 그림이 전시되어 있는 이중섭 미술관이 세
워져 있다.

이중섭 미술관을 갈 때마다 어린 시절이 떠올라 내게 이중섭 미술관은 유년 시절의 추억이 떠오르는 곳이다.

내가 첫째를 임신했을 때, 나는 첫째 태교를 위해 남편이 내가 있는 서울에 올라올 때마다 당시 덕수궁 미술관에서 하는 이중섭 미술 전시회, 이중섭 뮤지컬 등을 보러 다녔다. 덕분에 화가 이중섭의 삶에 대해 많은 것을 알 수 있었다. 북한 원산 출신인 이중섭은 일본에서 미술을 전공했다. 그는 유학 시절 만난 야마모토 마사코와 결혼을 하고 두 명의 아이를 낳았다. 그 후 한국전쟁이 터지면서 부산을 거쳐 제주도 서귀포까지 피난을 오게 되었다. 피난 생활을 하던 곳이 지금의 이중섭 거주지인 1.4평짜리 초가집의 방 한 칸이었다. 피난시절 그는 아이들과 함께 서귀포 자구리 해안에 가서 게나 물고기를 잡아먹으며 생활을 했다.

이중섭 화가는 11개월의 짧은 기간 동안 〈섶섬이보이는 풍경〉, 〈서귀포 환상〉과 같은 서정적인 작품을 남겼다. 뿐만 아니라 물고기, 게, 아이들을 소재로 그와 그의 가족들과 함께 했던 제주에서의 생활을 그렸다. 아마 그 시절이 이중섭에게는 가장 행복했던 시기였던 것 같다. 그의 많은 작품 중 서귀포에서 남긴 그림은 유독 따뜻하고 정겹다.

그런 행복의 시간도 잠시. 이중섭은 지독한 가난으로 마사코와 아이들을 일본으로 보내고 혼자 생활하게 된다. 그 기간 그림과 함께 쓴 편지들을 보면 가족에 대한 그리움이 절절히 묻어 나와, 보는 것만으로도 눈물이 난다. 이중섭 화가의 그림은 나의 임신기간에 내내 감수성을 끌어 올려주었다.

남편이 일 때문에 한창 바쁠 때, 나는 보물이 임신 33주차쯤 일주일을 혼자 친정 서귀포에서 보냈다.

"아이코! 이제 우리 딸 배가 엄청 나왔네~. 언제 커서 이렇게 임신까지 하고…여기 있는 동안 잘 쉬고 맛있는 것도 많이 먹어라~"

"배 나오니까 힘들지? 조금만 참아. 이제 얼마 안 남았어~우리 딸 닮은 예쁜 아이 나오면 임신기간에 힘들었던 거 다 풀린다~"

"엄마는 어떻게 4명이나 낳았어? 이렇게 배불뚝이를 네 번이나 했단 말이야?"

배가 부른 딸의 모습을 처음 본 부모님은 볼 때마다 마냥 신기해했다. 배가 불러올수록 걸음걸이는 점점 느려졌고 산책을 하다 보면 숨이 가빠져서 나도 모르게 헐떡거리기도 했다. 이런 힘든 임신을 친정엄마는 네 번이나 했다니 정말 존경스럽다. 임신 9개월에 접어들며 출산일이 가까워질수록 '보물이는 누굴 닮았을까?', '지금은 어느 정도의 크기일까?' 등 뱃속 아이의 모습이 누굴 닮았는지 어느 정도 컸는지 궁금한 것도 많아졌다. 길을 지나가다가 보이는 아이들의 모습도 이제는 남의 일 같지 않게 유심히 관찰하는 버릇도 생겼다.

이중섭 거주지의 작은 방 한칸을 지키는
초상화가 왠지 애잔하다.
예술적 정취가 있는 이중섭 거리.

부모님이 일을 가시는 시간에 나는 낮에 혼자 집에 있으면서 독서를 하고 난 후 '스세딕식 태교'를 했다. 네 명의 아이를 IQ 160이상의 천재로 키운 스세딕은 태내 교육의 중요성을 인식하여 태담 태교뿐만 아니라 뱃속에서부터 숫자와 글자, 도형을 가르쳤다.

나는 임신 7개월 때부터 그녀의 책 《태아는 천재다》를 읽고 그녀의 태교 법을 따라 했다. 색감이 예쁜 크레파스를 사서 도화지에 한글과 숫자를 적어 매일 3~5개씩 글과 숫자를 손으로 그리면서 따라 쓰고 보물이에게 알려줬다.

"보물아 이건 '가' 야 가방, 가위 할 때 가. 가방은 물건을 담을 때 쓰는 거야. 엄마는 가방에 책이나 화장품을 담고 아빠는 회사 갈 때 필요한 자료들을 담아…"이런 식으로 '가' 에 대해 말하면서 가로 시작하는 단어를 알려주며 단어의 쓰임에 대해 설명해 줬다.

스세딕처럼 천재 아이를 낳기 바라고 한 것은 아니었다. 여러 가지 태교법을 공부하던 중 특이한 방법이라고 생각하여 시도를 해 봤다. 스세딕의 주장처럼 뱃속에서부터 아이가 글과 숫자를 익힌다는 생각보다는 태담의 하나라고 생각했다.

스세딕 태교를 할 때면 비록 뱃속에 있는 아이이지만, 마치 내 무릎 앞에 아이를 앉혀놓고 글과 숫자 공부를 배워주는 듯한 묘한 유대감이 생겼다.

한 3일 친정 동네만 산책하다 보니 조금 지겹다는 생각이 들었다.

나는 한 아이의 엄마가 될 몸이 아닌가! 무료하게 임신 기간의 시간을 허투루 보낼 수 없다는 생각이 들었다. 비록 몸이 무거워 혼자 다니기가 불편했지만 용기를 내어 조카를 데리고 친정에서 가까운 이중섭 미술관으로 향했다. 이중섭 미술관에는 '게와가족', '꽃과 아이들', '선착장을 내려다 본 풍경 등 원화 11점이 전시되어 있다. 또한 그가 아내와 주고받았던 편지와 은지화(담배를 싸고 있던 은박지에 그린 그림)도 여러 장 전시되어 있다. 작품과 편지 하나 하나가 가슴이 먹먹해질 만큼 따뜻하게 한다.

이전에 나는 그의 그림이 잘 와닿지 않았다. 그냥 화풍이 특이하네 정도였다. 임신을 하고 엄마가 되는 입장에서 그의 그림을 보면 가족애가 느껴져 따뜻하고 즐겁다. 그래서 더욱 그의 그림을 보물이에게 보여 주고 싶었는지 모른다.

"보물아! 엄마 아빠도 따뜻한 가정을 꾸리고 너에게 좋은 부모가 될게. 이중섭 그림을 보며 따뜻해진 엄마의 기분을 너도 느껴봐"

나는 보물이에게 작게 태담을 하고 미술관을 나왔다.

이중섭 미술관을 나와 왼쪽으로 조금 내려가면 이중섭 생가가 나온다. 1.4평짜리 작은방을 보다 보면 어떻게 이렇게 작은 곳에서 네 식구가 살았을까 하는 의구심이 들 정도이다. 아마 가족의 사랑으로 힘든 상황을 견디지 않았을까. 너무 가난하여 고구마와 해변에서 잡은 물고기와 게를 먹으며 생활을 연명했던 이중섭 가족. 그 좁은 공간에서도 가족과 행복하게 살았을 이중섭 가족을 생각하니 애잔한 마음이 들었다.

이중섭 생가를 나오면 이중섭 거리가 펼쳐진다. 이중섭 거리에는 최근 외국인들 사이에 인기가 있는 메이비 카페를 비롯한 특색 있는 카페들이 즐비하다. 요즘에는 아기자기한 소품가게들도 많이 생겨 숍에 들어가 소품이나 젊은 작가들의 작품을 보는 재미도 쏠쏠하다.

미술관과 이중섭 거주지를 관람 후 이중섭 거리를 거닐면서 잠시 여유를 느껴보자. 시간이 잘 맞는다면 매주 토요일 이중섭 거리에서 지역 작가와 주민들이 참여하는 아트 마켓이 열리니 이곳을 방문하여 구경할 수도 있다. 이중섭 거리에서 바다 쪽으로 내려가다 보면 '안거리 밖거리' 라는 식당이 있다. 돔베고기와 옥돔구이를 메인으로 하는 건강한 정식을 팔고 있으니 임신부의 식사로 좋을 것 같다. 이중섭 거리 위쪽에는 서귀포 올레시장이 있다. 서귀포 올레시장에 들러 서귀포의 명물 모닥치기,마늘 통닭, 돌하르방빵 등의 주전부리도 먹으며 먹는 즐거움을 느껴 본다면 더 재미있는 여행이 될 수 있을 것이다.

서귀포에 온다면 이중섭 미술관과 이중섭 거리를 꼭 한번 가보라고 권해주고 싶다. 이중섭의 그림을 보며 미술 태교를 할 수 있다. 이중섭의 편지를 보며 가족에 대한 애절함을 느껴 본다면 새로운 가족을 맞이하며 어떤 마음으로 가족을 꾸려갈 것인지 다시 한 번 생각해 보게 될 것이다. 그의 그림을 보며, 이중섭 거리를 산책하며 거장의 손을 통해 서귀포의 추억이 어떻게 작품으로 탄생했는지 생각해 보자.

여행 TIP

이중섭 거리 내에 메이비 카페, 카페 바농, 유동커피가 유명하다.(유동커피는 이중섭 거리와 좀 떨어져 있으니 참고 할 것.)
특히 카페 바농에서는 간세인형 만들기 체험을 하고 있다. 시간적 여유가 된다면 간세인형 만들기로 DIY태교에 도전해 볼 수 있다.

카페 바농
문의 : 064-763-7703
간세인형 만들기 : 체험비 개당 15000원/체험시간 오후 1시~6시

이중섭 미술관
주소 : 서귀포시 이중섭로 27-3
전화번호 : 064-760-3567
매일 : 09:00~18:00
휴무 : 매주 월요일/1월1일, 명절당일 휴관
요금 : 어른(25~64세)-1500원, 어린이(7~12세)-400원
홈페이지 : http://culture.seogwipo.go.kr/jslee

07

천 개의 바람을
카메라에 담은 김영갑 갤러리

[임신 34주/요가태교]

"자기야 그 동작은 뭐야? 그것도 출산에 도움이
되는 동작이야?"

"응.김매기 동작인데. 김매는 자세처럼 두 다리를 벌리고 양옆으로
왔다갔다 동작을 많이 해야 자궁이 열리는데 도움이 많이 된대"

"자기 진짜 대단하다! 요가원에서 하고 또 복습도 하는 거야?"

"그럼 이제 정말 얼마 안 남았잖아"

나는 첫째 출산을 준비하면서 임신 8개월에 제주에 내려와 매주 3
회씩 꾸준히 '요가태교'를 했다. 임신 7개월까지는 직장생활을 하고
있던 터라 안정기에 접어든 임신 16주부터 임산부 요가 동영상을 보
며 매일 30분씩 요가를 했다. 임신을 하면 평소와 다른 증상들이 많

이 나타난다. 허리 통증, 다리의 부종, 임신 스트레스로 인한 예민해지는 성격 등 그 증상도 다양하다. 몸이 무거워져 힘이 부칠 때 짧게나마 요가를 하다 보면 허리 통증이나 다리의 부종이 조금 완화되었다. 무엇보다 요가 중 듣는 명상음악은 나의 마음을 편안하게 만들었다.

특히 임신 후기의 임산부 요가는 출산에 도움이 되는 동작과 호흡법이 많다. 몸을 천천히 움직이면서 동작 속에 뱃속 아이의 공간을 상상하면 뱃속아이와 엄마의 시간을 가지면서 출산이 가까워질수록 생기는 불안감도 떨쳐 버릴 수 있었다.

보물이를 임신하고 34주차가 되니 배가 뭉치는 느낌을 자주 느꼈다. 운동 삼아 걸어서 요가원에 갈 때마다 가끔 배가 뭉치는 느낌을 많이 받았다. 그럴 때마다 운동을 중단하고 집에 와서 휴식을 취했다. 임신 후기에 들면서 자주 찾아오는 자궁수축은 배가 땅땅해 지는 거다. 처음 자궁 수축을 느낄 때는 뱃속 보물이가 잘 있나 걱정이 되기도 했다. 산부인과 정기 검진 때 의사에게 물어보니 배가 뭉치는 자궁 수축은 아이가 나올 준비를 하는 거라며 자연스러운 증상이라고 했다. 규칙적으로 일어난다면 휴식을 취하라고도 했다. 내 몸도 이제 출산을 준비하고 있다고 생각하니 괜히 가슴이 뭉클해졌다.

한 아이가 세상 밖으로 나오기까지 엄마는 열 달 동안 참 많은 변화를 겪어야 하는구나를 생각하니 나를 낳아주신 친정엄마가 새삼 고맙게 느껴지기도 했다.

그날도 요가원에 다녀와 집에서 휴식을 취하고 있었다. 그때 갑자기 현관에 걸린 김영갑 사진이 눈에 들어왔다. '맞다! 김영갑 갤러리에 갔다 온 지 꽤 됐네~이번 주말에는 보물이에게 김영갑 사진을 좀 보여 주고 와야겠다.' 김영갑 사진을 좋아하는 우리 부부는 그의 사진 몇 점을 집에 걸에 놓고 감상하고 있었다. 오랜만에 그의 사진을 유심히 보고 있으니 나는 엄마 아빠가 좋아하는 갤러리를 우리 '보물이' 에게도 보여 주고 싶어졌다.

주말, 우리는 몸에 무리가 가지 않도록 김영갑 갤러리 한 군데만 다녀오기로 했다. 김영갑 갤러리에 도착하여 앞뜰을 걷고 있노라니 한때 폐교였던 갤러리 앞뜰은 이름을 알 수 없는 꽃들과 현무암 돌담이 조화를 이루어 작은 정원에 온 느낌이다. 걸을 때마다 발밑에서 뽀드득거리는 소리를 내는 제주 화산송이는 걸어가는 재미를 더해 준다. 정원 나무 밑에는 사람 모형의 조형물들이 익살스럽게 우리를 맞아 준다. 감나무 밑에 가부좌를 틀고 앉은 사람 모양의 조형물 옆에 나란히 앉아 눈을 감으면 왠지 모르게 더 차분해 진다.

"보물아~ 오늘은 엄마 아빠가 좋아하는 김영갑 갤러리에 왔단다. 제주 오름을 담은 사진들이 전시된 곳이야...이 곳에서 제주의 아름다운 풍경을 너도 느껴봐~"

나는 짧게 태담을 하고 실내 갤러리로 들어갔다. 전시장 벽면과 바닥이 만나는 공간은 현무암으로 장식이 되어 있다. 그래서 갤러리가 더욱 제주스럽게 느껴지게 한다. 갤러리 가운데에는 긴 의자가 놓여 있다. 몸이 무거운 임산부는 여기에 앉아 여유 있게 사진을 바라볼 수 있다.

갤러리에는 그가 남긴 20여만의 작품 중 일부가 전시되어 있다. 제주의 오름뿐만 아니라 제주의 풀, 나무, 바다, 돌을 담은 풍경에는 하나같이 바람이 머금고 있다. 노을이 짙게 깔린 오름, 비에 젖은 풍경을 보고 있노라면 작가의 고독이 가슴속까지 파고든다.

그의 작품을 보고 있으면, 왠지 모를 작가의 쓸쓸함이 느껴지기도 한다. 그의 작품 속의 제주 풍경은 나의 오감을 깨워주고 항상 가슴이 벅차오르게 한다. 엄마의 이런 감정이 느껴졌는지 잠잠했던 보물이도 꼬물꼬물 거렸다.

이곳은 사진작가 김영갑 스토리를 알면 더 의미가 있다. 김영갑은 누구보다 제주를 열렬하게 사랑한 사람이었다. 그는 제주의 들판과 오름을 마치 상사병에 걸려 여인을 몰래 지켜보는 양 찍고 또 찍었다.

1985년에 제주의 매력에 빠져 사진 장비 하나만 들고 내려온 그는 너무 가난하여 끼니를 굶는 일이 예사였다. 그는 거처를 찾아 중산간

아담한 김영갑 갤러리 두모악

정원 안에 익살 맞은

조형물들이 방문객을 반긴다,

오지 마을로 들어갔다. 외지인이라는 편견 때문에 이 동네 저 동네를 전전하며 살던 그는 간첩으로 오해를 받기도 했다. 오랜 시간 노력 끝에 섬의 자연환경에 적응하고 마을 사람들하고도 친해지기 시작했다.

제주 사람들의 삶을 차츰 이해할 무렵, 오름도 보이고 돌도 보이고 무엇보다 제주의 바람이 보였다. 중산간 지역 마을 사람들의 삶을 관찰하다가 오름이야말로 제주 사람들의 삶의 일부라는 걸 이해하게 되었다. 그러니 아마 그의 작품 대부분이 '제주의 오름'이 된 것은 당연한 것인지 모른다.

그러던 어느 날, 그의 몸이 굳기 시작했다. 팔에는 힘이 없어 카메라 들기가 어려웠고, 손가락이 떨려 셔터를 누르기조차 어려운 지경에 이르렀다. '오름사진의 거장'으로 서서히 이름이 알려질 무렵, 42세의 젊은 나이에 그는 루게릭 진단을 받았다.

3년을 넘기기 어렵다는 의사의 말에도 아랑곳하지 않고, 작가는 생애 마지막 3년을 폐교를 꾸며 갤러리를 짓는데 바쳤다. 점점 굳어 가는 손으로 돌을 나르고 꽃을 심었다. 그래서 야외 갤러리의 돌담 하나, 풀포기 하나에도 작가의 영혼이 서려 있는 듯하다.

2005년 5월 29일, 작가는 영원히 제주의 품으로 돌아갔다. 작가의 유골은 한 줌의 재가 되어 갤러리 앞뜰에 심어 놓은 감나무 밑에 뿌려졌다.

누구나 한 번쯤은 '제주의 풍경'을 떠올 릴 때 노을이 짙게 깔린 오름의 모습이나 푸른 잔디밭에 우두커니 서 있는 멋진 나무 한 그루를 떠 올릴지 모르겠다. 나는 제주의 수많은 아름다운 풍경 중 하나를 고르라면, 단연 오름의 정경을 꼽는다. 오름의 새벽, 낮, 해질 녘은 시시각각에 따라 다른 옷을 갈아입은 멋진 모델처럼 눈이 부시다.

제주의 오래 산 나도 오름은 늘 새롭고, 신비한 미지의 세계이다. 김영갑 작가의 사진을 보고 있노라면 여인의 아름다움에 빠져 첫눈에 반한 사랑처럼 제주의 오름이 자꾸 눈에 아른거린다.

그가 남긴 포토에세이 집 〈그 섬에 내가 있었네〉를 보면 그의 제주 사랑이 절절히 묻어난다.

"중산간 광활한 초원에는 눈을 흐리게 하는 색깔이 없다. 귀를 멀게 하는 난잡한 소리도 없다…마음을 어지럽게 하는 그 어떤 것도 없다. 나는 그런 중산간 초원과 오름을 사랑한다.…눈에 보이지 않으나 분명히 존재하는 영원한 것을 이곳에서 깨달으려 한다."

제주는 바람의 섬이라고 할 만큼 바람이 많다. 어릴 땐 그 바람이 싫었다. 바람이 주는 변덕에 나들이 갔다가 돌아오기도 하고, 예쁘게 나올 사진도 망친다고 생각했다. 김영갑 작가는 그런 제주의 바람을 예술로 승화 시켜 바라보았다. 바람과 어울려진 제주의 오름, 풀, 나무, 바다, 돌 모두가 바람과 함께 그 속에 멋이 깃들여 있다.

제주의 속살을 보고 싶다면, 그 속살의 아름다움을 뱃속의 아이에게도 느끼게 해 주고 싶다면, 김영갑 갤러리를 꼭 한번 들러보자.

여행 TIP

갤러리 관람 후, 갤러리 입구 맞은편에 있는 카페 오름에서 잠시 휴식을 취하자. 시간적 여유가 된다면, 갤러리 후문 맞은 편 곳간 갤러리:쉼을 시작으로 소박한 삼달리 마을을 산책하자. 마을 회관과 작은 도서관을 지나면 보이는 곳간 갤러리:시선에서도 작가들의 작품을 감상할 수 있다. 삼달리 문화 올레길이라고 불리는 이곳은 천천히 걸어 1시간 정도면 산책을 할 수 있다. 갤러리:쉼은 초겨울부터 봄까지는 감귤 창고로 사용되고 나머지 기간은 갤러리로 변신한다.

주소 : 서귀포시 성산읍 삼달로137
전화번호 : 064-784-9907
입장료 : 어른-4500원/어린이(4~13세)-1500원, 3세이하 무료
홈페이지 : http://www.dumoak.com

CHAPTER
04

힐링 – 오감을 깨우며
숲 태교하기

엄마가 임신 기간에
새로운 것에 관심을 갖고 다양한 것을
경험하는 것은 뱃속 아이에게도
긍정적인 영향을 미친다.

01
—

비자림 숲길
숲의 끝에서 행복을
만끽하다
[임신 9주/음악태교]

"언니 혹시 시간 있어?"

"왜? 특별한 약속은 없어"

"나 요즘 독박 육아만 하느라 우울해서…어디 바람 쐬러 갈까?"

"그렇구나~어디 보자. 너 비자림 가봤어? 거기 가자!"

"비자림? 몇 년 전에 가보고 안 가봤지. 숲에 가자고? 거기 괜찮아?"

"당연하지! 일단 한번 따라 와봐~"

바쁜 남편 때문에 육아를 거의 혼자 전담하고 있는 친한 동생이 오랜만에 연락이 왔다. 그 동생은 거의 1년 가까이 외롭고 힘들게 육아를 하고 있었다. 그녀는 오랜 육아로 많이 지쳐 있었다.

그 친한 동생의 구원 투수가 되어 오랜만에 비자림으로 향했다. 더운 여름 이었지만 비자림 숲 안쪽으로 들어가니 천연 에어컨이 따로 없었다. 길을 걸을 때마다 붉은빛의 화산송이가 사각사각 소리를 내며 발걸음을 더욱 즐겁게 했다.

"비자림이 이렇게 좋은 곳이었나? 시원한 공기 마시니까 스드레스가 쫙 풀리는데~"

"거봐~! 잘 왔지?"

"언니는 언제 와 봤어?"

"나는 남편과 주말 부부로 떨어져 지내면서 제주도 올 때 왔었는데 너무 좋더라고~"

비자림은 나에게 그런 곳이었다. 사랑하는 사람과 손을 잡고 걸어도 좋고, 친한 사람과 도란도란 이야기를 나누면서 걸어도 좋은 곳. 비자나무 이파리 사이로 파고드는 햇빛만으로도 힐링이 되고, 사각사각 소리 나는 화산송이 위를 걸어서 더욱 재미있는 곳. 그래서 언제나 다녀오면 스트레스가 풀리고 기분이 좋아지는 그런 숲이었다.

둘째 두리를 임신한 지 어느덧 9주가 되었다. 첫째 우주와는 달리 둘째 두리는 자꾸 먹고 싶어지는 입덧을 했다. 빈속일 때 느껴지는 메스꺼움도 불편했지만 시도 때도 없이 배가 고파왔다. 새벽 시간에 허기짐이 가장 심해 배가 고파서 잠에서 깰 정도였다. 잠에서 깬 후 새벽에 항상 우유 한 잔이나 냉동실에 얼려 놨던 떡을 해동시켜 먹었다. 그렇게 배를 채운 후에야 다시 잠을 청할 수 있었다. 첫째 우주는 입덧하는 3개월 동안 냉장고 문도 못 열고 밥도 못할 만큼 냄새에 민감한데다 구토까지 동반하는 입덧을 했다. 그에 비해 양반인 입덧이긴 했지만, 매일 새벽에 잠에서 깨어 도둑고양이처럼 냉장고를 뒤지는 내 모습이 이상하게 느껴지기도 했다.

"자기야 오늘 몇 시에 들어와?"

"글쎄 8시는 돼야 될 거 같은데…왜 뭐 먹고 싶은 거 있어?"

"응 나 한우 치마살 먹고 싶어~ 올 때 그거 사 와. 저녁 안 먹고 기다리고 있을게"

"우주는 그렇게 고기만두랑 순대를 먹더니, 이번엔 한우네~고급지다 고급 져!"

둘째 두리를 임신했을 때는 한우 구이, 돼지갈비, 오리로스 등 이상하게 고기만 당겼다. 그날은 유난히도 한우 구이가 먹고 싶어 남편에게 전화를 걸어 한우를 사 오라고 했다. 일을 마치고 돌아온 남편의 손에는 한우 대신 뻥튀기가 있었다. 순간 나는 눈물이 핑 돌았다.

"한우 안 사 왔어? 나 한우 먹고 싶다고 했잖아"

"동네 정육점이 문을 닫았더라고! 대신 자기 좋아하는 뻥튀기 사 왔어!"

비자림에서 마주한 초록의 싱그러움이 상쾌하다. 걷다보면 500년 이상된
비자 나무를 많이 만날 수 있다.

"누가 뻥튀기 먹고 싶대? 난 한우 먹고 싶어! 두리가 한우 먹고 싶다잖아! 다른 동네에 가서라도 한우 구해 와야지!"

나는 평소와는 다르게 예민하게 반응했다. 무언가 심상치 않다는 걸 느낀 남편은 다시 밖으로 나가 한우를 구해왔고, 나는 혼자 한우를 구워 먹으며 행복해했다. 그러곤 다음날 아침까지 혼자 한우를 구워 먹었다.

한우가 뭐길래! 입덧은 그런 것이다. 순간 머릿속에 먹고 싶은 게 떠오르는데 꼭 먹어야 안정이 된다. 그걸 안 먹으면 괜히 서운하고 서운한 걸 지나쳐 서럽게 눈물이 나기도 한다.

임신 초기가 되면 호르몬의 변화로 극도로 예민해진다. 이럴 때 남편은 아내의 기분을 잘 살피고 요구 사항에 응해 주는 게 좋다. 임신 초기에 아내에게 서운하게 하면 출산 후까지 그 서운함이 두고두고 남는다.

신경이 날카롭고 예민한 이 시기 가벼운 마음으로 '음악태교'를 하면 좋다. 음악태교라 해서 꼭 클래식을 들을 필요는 없다. 평소에 잘 듣지도 않는 클래식을 들으면서 스트레스를 받는 것보다 자신이 좋아하는 노래를 먼저 선곡한다. 발라드도 좋고, 팝이나 어쿠스틱 음악도 괜찮다. 자신이 좋아한다고 록이나 헤비메탈, EMD처럼 템포가 빠른 음악보다는 잔잔한 음악이 임신부의 마음을 안정시켜 준다.

나 또한 첫째, 둘째 모두 태교로 음악을 많이 들었는데 처음부터 클래식을 듣지는 않았다. 평소에 좋아하는 발라드부터 시작해서 팝 발라드, 재즈, 영화음악, 피아노 연주곡 등을 시작으로 국악, 명상음악, 클래식으로 점점 범위를 넓혀갔다. 그러니 국악이나 클래식도 부담이 되지 않고 음악 태교 자체를 즐겁게 할 수 있었다.

태교의 기본은 엄마의 정서이다. 엄마의 정서가 안정이 되어야 뱃속 아이도 엄마의 기분처럼 편안함을 느낀다. 임산부 자신이 마음이 편안해지는 음악부터 음악태교를 시작해 보자.

남편과 오랜만에 비자림 숲길을 찾았다. 9월 초인데도 더위가 가시지 않아 8월만큼 더운 날이었다. 오랜만에 찾은 비자림 숲길은 여전히 푸른 나무와 신선한 공기가 우리를 맞이했다.

"자기야 내가 요즘 너무 예민하지?"

"임신 초기라 그런 건데 뭐. 내가 더 신경을 써야지~"

비자림 숲길을 걸으니 그동안 예민했던 내 마음이 수그러졌다. 오랜만에 남편의 손을 잡고 둘이 되어 걸었던 이 산책로를 뱃속 아이와 걸으니 감동이 밀려왔다. 비자나무들이 스스로를 보호하기 위해 뿜어내는 피톤치드(식물이 각종 해충과 곰팡이 등의 미생물로부터 스스로를 보호하기 위해 내뿜는 살균 물질)가 삼림욕을 즐기기에 더없이 좋았다.

"두리야~ 비자림 숲길에 왔어. 엄마 아빠한테 와줘서 고마워~ 이곳은 엄마 아빠가 좋아하는 숲길 중에 하나야~비자나무가 엄청 크지? 엄마가 요즘 예민했는데 비자나무 숲길을 걸으니 엄마는 너무 기분이 좋단다. 우리 두리가 이제부터 쑥쑥 잘 자라는 일만 남았구나~ 엄마가 좋은 생각만 할 테니까 건강히 잘 자라주렴"

두리에게 태담을 하고 걷다 보니 어느새 '새 천년 비자나무'까지 다다랐다. 새 천년 비자나무는 산책로 가장 끝에 있는 비자나무로 820년이나 된 나무이다. 살아있는 역사인 셈이다. 우리는 산책로 주변만 가볍게 산책하고 다시 발걸음을 돌렸다.

비자림은 구좌읍 평대리 일대에 위치한다. 500~800년이 된 비자나무 2,870여 그루가 군락을 이루는 만큼 피톤치드 삼림욕을 하기에 이만한 곳이 없다. 비자림의 비자나무는 천연기념물 제374호로 지정이 되어 문화재청의 보호를 받고 있기도 하다.

비자나무의 이파리의 모양이 아닐 비(非)를 닮았다고 해서 비자(非子)라는 이름을 가진 비자 열매는 구충제, 변비약, 위장약으로 쓰인다. 비자유(油)는 기관지 천식이나 장 기능 향상에 좋다고 알려져 있다. 비자나무는 고급 가구나 바둑판을 만드는데 쓰이는데 비자나무로 만든 바둑판은 시중에서 구하기가 힘들어 고가에 거래될 만큼 귀하다.

이렇게 쓸데도 많고 귀한 비자나무들이 군락을 이루고 있는 비자림 숲길! 그 가치만큼 아직은 잘 알려지지 않아 아는 사람만 가는 곳이기도 하다. 이런 귀한 비자림 숲길을 걸으며 비자나무 피톤치드를 마시며 산림욕을 즐겨보자.

남편과 함께 손을 잡고 걷다 보면, 화산송이의 '사각사각' 소리에 귀도 즐겁고 발걸음도 즐거울 테니 말이다. 천천히 숲을 걷고 좋은 공기를 마시며 나의 뱃속 아이에게도 비자나무에 대해 이야기해 주자. 뱃속 아이에게 몰랐던 비자나무에 대해 알려주면서 태담을 해 준다면 신선한 자극이 될 것이다. 남편과 함께, 뱃속 아이에게 배를 쓰다듬으며 걷다 보면 산책로 맨 끝 새 천년 비자나무에 도착할 것이다. 그 산책로 끝에서 행복해진 나를 발견할 수 있을 것이다.

여행 TIP

비자림 숲길

주소 : 제주시 구좌읍 비자숲길55
전화번호 : 064-710-7912
매일 : 09:00~17:00(입장마감)
입장료 : 개인(일반)-1500원 어린이-800원
홈페이지 : http://www.visitjeju.net

02
—

사려니 숲길
몸과 마음의 안식을 찾다
[임신 20주/동요태교]

　　　자연을 예찬한 미국의 작가 헨리 데이비드 소로우의 저서 《월든》에 참 가슴에 와 닿는 글귀가 있다. '가장 아름다운 소리를 듣기 위해서는 가만가만 걸어야 한다. 몸과 마음은 평온한 상태여야 한다. 마음을 졸여서는 안 된다' 이 글귀를 보는 순간, 나는 사려니 숲길이 떠올랐다.

　사려니 숲길을 걸으면서 들리는 새소리, 나무들이 바람에 나부끼며 내는 자연의 소리. 이 소리에 하나씩 귀를 기울이며 숲길을 걷고 있노라면 나도 모르게 나의 몸과 마음은 그 누구보다 평온한 상태가 된다.

　둘째 두리를 임신한 몸으로 첫째 육아를 전담하고 있으니 우울한 기분이 계속 찾아왔다. 호르몬의 영향으로 임산부의 우울감은 피할 수 없다지만 그래도 반복되는 일상이 나를 지치게 했다. 반복되는 일상이 지치다고 해서 그냥 무료하게 임신 기간을 보낼 수는 없었다. 그때 생각해 낸 방법이 바로 '동요태교'였다. 동요 태교는 말 그대로 뱃속 아이에게 직접 동요를 불러주는 것이다. 둘째를 임신 중이라면 첫째를 돌보면서 자연스럽게 동요태교를 할 수 있다.

《세상의 모든 음악은 엄마가 만들었다》의 김성은 저자는 물속 소리 전달에 대한 실험을 통해 뱃속 아이에게 클래식을 들려주는 것보다 이야기를 들려주는 것이 좋고, 이야기를 들려주는 것보다 노래하는 것이 더 좋은 태교임을 강조했다. 나 또한 저자의 의견에 동의한다. 엄마가 들려주는 동요야 말로 뱃속 아이가 온몸으로 느낄 수 있는 가장 좋은 태교이다.

실제로 첫째 우주를 임신할 때부터 갓난아기 때까지 줄곧 동요를 불러줬다. 지금도 동요가 나오면 춤을 추기도 하고 금세 질려하는 다른 장난감에 비해 동요가 나오는 장난감을 가장 좋아하여 오래도록 사랑받고 있다.

동요라고 해서 어렵게 생각할 필요는 없다. 우리가 어릴 때부터 들었던 구전 동요부터 아이들을 위한 동요집들도 많이 나와 있으니 하나를 골라서 불러준다면 엄마의 마음까지 뱃속 아이에게 전달될 것이다.

두리를 임신하고 20주 되던 날, 몸의 컨디션은 훨씬 가벼웠지만 가끔씩 정신적으로는 무기력함이 찾아왔다. 임신 20주가 되면 보통 기형아 검사를 받는다. 첫째 우주 때에는 노산이라 혹시 잘못되지 않나 걱정을 많이 했었다. 한 번의 경험이 있어서 일까? 둘째 두리의 기형아 검사는 아무 걱정이 되지 않았다. 결과도 역시 좋았다. 보통 35세 이상 임산부인 경우 병원에서는 기형아 출산 확률이 많아진다며 양수 검사를 권하는 경우가 있다. 염색체 이상이 의심되는 경우가 아니라면 양수 검사는 담당 의사와 상담 후 신중하게 결정해야 한다.

"자기 요즘 갑갑하구나?"

"어떻게 알았어? 몸은 초기 때보다 가벼운데 요즘 너무 안 돌아다녔나? 자꾸 무기력해지네~한번 나갔다 올까?"

"그래. 앞으로 몸 무거워지고 추워지면 더 나가기 힘들 텐데~몸 조금이라도 가벼울 때 나가야지~ 어디 갈래?"

"음…사려니 숲길!"

남편은 한 번의 임신 경험으로 나의 감정 변화를 잘 살피고 기분을 풀어 주는 일에 능숙했다. 처음부터 그런 것은 아니었다. 첫째를 임신했을 때는 사춘기 소녀처럼 기분이 왔다 갔다 하는 날 보며 본인도 무척 힘들어했다. 임신을 하고 난 후 나는 남편이 나에게 더 많이 관심을 가져주고 사랑해 주길 원했다.

남편은 본인은 최선을 다하는데 자꾸 뭔가 부족해하는 날 보며 내가 뭘 원하는지 모르는 눈치였다. 내가 원하는 것은 하나였다. 여자는 임신을 하면 모성애와 가족애가 강해진다. 그만큼 사회생활보다 아이를 위한 것에 조금 더 집중을 하게 된다. 그만큼 남편도 나처럼 히길 바랐다.

가족에 대한 사랑이 커지는 여자에 비해 남자는 생계와 양육에 대한 부담감으로 더욱 사회생활에 충실하게 된다. 이런 남녀의 차이를 조금만 더 일찍 깨달았더라면 사소한 감정싸움을 막을 수 있었을 텐데…첫째의 임신 경험으로 서로를 더 많이 이해하게 된 우리는 둘째 두리를 임신하는 동안은 서로에 대한 서운함이 더 많이 줄어들게 되었다.

오랜만에 사려니 숲길을 찾았다.

"와~좋다~여기는 올 때마다 좋아!" 시원한 숲의 공기가 우리를 맞이했다.

"그니까. 좋은 공기 많이 마셔~우리 두리한테도 좋으니까!"

"그럼! 두리야 너도 좋지? 엄마는 숲에 오면 그렇게 기분이 좋아 지더라~ 여기는 엄마가 힘들 때 많이 걸었던 곳이야~우리 두리랑 오니까 엄마는 더 좋다!"

천천히 이 길을 걷다보면 내 마음은 어느새 평온해 졌다

사려니 숲길 양옆에 있는 삼나무를 구경하며 천천히 걸었다. 빽빽하게 솟아 올라와 있는 삼나무 숲을 바라보다 보면 나도 모르게 아바타의 주인공이 된 것처럼 순수해진다. 둘째 두리를 임신하고 숲길을 걸으니 감회가 새로웠다. 사려니 숲길은 임신 기간 약간은 지쳐 있었던 내 마음을 어루만져 주었다. 언제나 그랬던 것처럼.

사려니 숲길은 제주시 봉개동 절물오름 남쪽 비자림로에서 물찻오름을 지나 서귀포시 남원읍 사려니 오름까지 이어지는 장장 15.4km의 장거리 코스이다. 숲길을 다 걸었다 해도 반대편 남원읍 쪽에 교통편을 구하기가 어렵기 때문에 코스를 완주한 사람은 많지 않다. 제주 올레길을 완주 한 나 역시 사려니 숲길은 완주를 못 했다. 그러면 어떤가? 내가 가고 싶은 만큼만 걷고 돌아오면 된다. 특히 임산부는 언제나 무리를 하면 안 되기 때문에 자기 체력과 상황에 맞춰서 걷다가 돌아오면 그만이다. 사려니 숲길을 다 못 걷는다고 해서 아쉬워할 필요는 없다. 1시간 내외로 숲길을 걷다 오는 것만으로 충분히 가슴이 뻥 뚫리는 기분을 느낄 수 있기 때문이다.

사려니 숲길을 걷다 보면, 숲길 곳곳에 '참꽃나무 숲', '치유와 명상의 숲', '서어나무 숲'과 같은 테마의 숲이 나온다. 이 포인트마다 잠시 쉬어 가다 보면 전혀 지루할 틈이 없다. 최근 이곳의 인기가 날로 높아져 교래리 쪽으로 가는 진입로에 차량을 통제 하고 있어 셔틀버스를 타고 가야한다.

　임신 후기, 몸이 무거운 터라 주차하기 좋은 붉은오름 휴양림 입구 쪽으로 나있는 사려니 숲길을 다시 찾았다. 출산이 얼마 남지 않은 상황이라 불안한 마음을 풀기 위해 서였다. 숲으로 들어가자 시원한 공기가 코끝을 자극했다. '아~몸이 힘들어도 오길 잘했네.'라고 느끼는 순간 나무 사이에서 새소리가 귀를 간지럽혔다. 숲길 안쪽으로 들어 갈수록 오래되어 쭉쭉 뻗은 삼나무 숲이 우리를 맞이했다. 사려니 숲길은 많이 와봤지만 마음의 위안이 필요할 때 찾은 사려니 숲길은 새롭게만 느껴졌다.

　이날 사려니 숲길에서 느꼈던 자연이 주는 위안은 출산을 기다리는 나의 불안한 마음을 어루만져 주었다.

　휴식과 힐링을 하러 태교여행을 와서 단순히 리조트에서 휴식만을 취한다면 힐링이 될까? 진정한 힐링을 위한 태교여행을 원한다면 제주의 사려니 숲길을 한번 걸어보자. 임신 기간 힘들었던 몸과 마음의 위안을 얻고 돌아갈 수 있을 테니 말이다. 더불어 뱃속 아기에게 삼나무의 시원한 공기까지 선물할 수 있으니 이야말로 일석이조의 태교여행이 아닐까?

교래리 사려니 숲길은 셔틀버스를 타야하므로 주차가 가능한 붉은오름 휴양림쪽에 있는 사려니 숲길을 추천한다.

주소 : 제주시 조천읍 교래리 산 137-1

전화번호 : 064-900-8800

매일 : 09:00~16:00

입장료 : 무료

홈페이지 : http://www.visitjeju.net

붉은오름 사려니 숲길 : 서귀포시 표선면

03

—

한라 생태 숲
태초의 자연의 숨길을 느끼다

[임신 22주/공부태교]

둘째를 임신한 요즘 조금씩 시간을 내서 글도 쓰고 평소에 배우고 싶었던 블로그나 SNS도 배우면서 태교를 하고 있다. 그리고 태교와 제주 여행정보를 알리기 위해 〈제주태교여행연구소〉라는 네이버 카페까지 개설했다. 나는 임신을 하면 왜 이렇게 하고 싶은 게 많아지는지 모르겠다. 성격적으로 새로운 것에 호기심이 많아서 일 것이다. 나는 이런 성격을 태교와 접목시켰다. 꼭 뱃속 아이에게 무엇을 배워주겠다는 생각보다 엄마 스스로 새로운 것에 대한 호기심을 보이면 아이도 영향을 받는다고 생각하기 때문이다.

몇 해 전 친구가 조카의 동영상을 보여 준 적이 있다. 돌쯤 되는 아이였는데 엄마가 동화책 10권을 펼쳐놓고 책 제목을 말하며 엄마에게 갖고 오라고 하면 책 제목에 맞는 책을 갖고 오는 동영상이었다. 그때는 참 충격이었다. 돌쟁이 아이가 글을 알 수는 없을 테고 책이 다르다는 걸 인지하고 있다는 게 신기했다. 그 친구에게 들어보니 언니가 임신 기간에 대학원 논문을 쓰느라 공부를 많이 했다고 했다. 공부하는 엄마에게 영향을 받아서 그런지 아이도 남들보다 빠른 인지능력을 발휘했다.

나 또한 그런 경험이 있다. 첫째를 임신했을 때 이미지 컨설팅을 공부한 적이 있다. 관련 공부도 많이 하고 독서도 많이 했다. 친구 언니의 아이가 생각이 나서 첫째 우주가 돌이 되었을 때 똑같이 여러 권의 책을 펼쳐 놓고 제목을 말하며 엄마에게 갖고 오라고 했다. 신기하게도 우주는 책 제목에 맞는 책을 골라 왔다.

엄마가 임신 기간에 새로운 것에 관심을 갖고 다양한 것을 경험하는 것은 뱃속 아이에게도 긍정적인 영향을 미친다. 특히 임신 5개월 이후 안정기에 접어들면 조금 더 적극적으로 태교를 할 필요가 있다. 엄마가 향학열을 갖고 배우려는 자세는 뱃속 아이에게 강한 자극을 준다. 이 시기에 그동안 배우고 싶었던 것 한 가지를 배우면 좋다. 직접 그림을 그려도 좋고, 피아노 같은 악기를 배워도 좋다. 배우고 익히면서 자연스럽게 임신 중 찾아 올 수 있는 우울감을 해소 할 수도 있다. 어디 그 뿐인가? 엄마가 새로운 것을 배우는 것 자체가 엄마와 뱃속 아이 모두가 행복한 '공부태교' 이기 때문이다.

요즘은 한자태교니 영어태교니 해서 과하게 태교에 열을 올리는 예비 엄마들도 많다. 평소에 관심 없는 분야를 태교를 위해 억지로 하며 스트레스받기 보다는 자신의 관심분야 먼저 공부해 보자. 뱃속 아이는 '향학열 있는 엄마'를 기억할 것이다.

둘째를 임신하고 22주쯤 되었을 때다. 보통 이 시기에 정밀 초음파를 한다. 둘째 두리의 정밀 초음파를 보고 손가락과 발가락을 확인하고 장기나 태반, 탯줄에 아무 문제가 없다는 소견을 받았다. 둘째임에도 초음파에서 두리를 자세히 보니 너무 신기하고 아이의 모습을 갖춘 모습이 사랑스러웠다.

이 시기의 뱃속 아이는 밖에서 나는 소리를 들을 수도 있고, 빛에 대해 반응을 하기도 한다. 특히 엄마의 목소리나 심장 박동소리, 뱃속에서 꼬르륵거리는 소리를 들을 수 있다.

이때 아이에게 음악을 들려주거나 동화책 읽기 등 청각을 자극해 줄 수 있는 태교를 하면 좋다.

나른한 오후, 친한 후배와 함께 한라 생태 숲을 찾았다. 평일이라 그런지 생각보다 사람이 많지 않았다. 입구로 들어가기 전 왼쪽을 보니 나무로 된 2층 전망대가 눈에 들어왔다. 전망대에 오르니 한라산 전경과 바다, 중산간 풍경까지 한눈에 들어왔다.

자연이 주는 아름다움에 세삼 감사하다. 꽃이 피는 봄이면
숲길 산책이 더욱 풍성해 진다.

"와~가슴이 확 트인다."

"그치? 공기도 좋고!"

우리는 한참 전경을 바라보다가 내려와 한라 생태 숲 안으로 들어 갔다. 안으로 들어가니 곧게 뻗은 길이 보였고 왼쪽에는 관리동, 오른쪽에는 목련 종림이 보였다. 왼쪽 관리동에서 북쪽으로 뻗은 넓은 길로 내려가니 생태 연못 삼거리가 나타났다.

"아니 이렇게 예쁜 연못이 여기 있었네."

"그러니까 연꽃 필 때 오면 더 예쁘겠다."

맑은 하늘이 고스란히 비치는 생태 연못을 보니 자연의 아름다움이 새삼스레 느껴졌다. 생태 연못에서 남쪽의 야생 난원과 암석원을 지나 꽃의 광장에 다다랐다. 화려한 꽃들은 볼 수 없었지만 날이 풀리고 꽃이 피면 더 아름다울 것 같았다. 우리는 또 그 위에 있는 구상나무 숲과 산열매나무 숲으로 갔다. 구상나무의 숲 향기를 맡으니 가슴까지 시원해졌다.

천천히 숲을 걸으며 후배와 이야기를 나누고 숲 중간에 마련되어 있는 벤치에 앉아 휴식을 취하니 이것만 한 힐링이 어디 있겠나 하는 생각이 들었다. 숲속을 걸으며 아이에게 신선한 공기와 자연의 향을 전달해 주고 나또한 숲의 치유 효과를 몸으로 느끼니 이보다 더 좋은 태교가 어디 있을까?

실제로 자연의 소리를 뱃속 아이에게 들려주는 것만으로도 태교에 도움이 된다고 한다. 임신 개월 수가 지날수록 엄마 배가 커지면서 복벽이 얇아지고 아이에 비해 양수의 양이 적어 아이는 외부의 소리를 더 잘 들을 수 있다. 이때 시냇물 소리나 새소리 같은 자연의 소리를 들려주면 뱃속 아이의 정서에 도움이 된다.

따뜻한 봄. 출산을 준비하며 걷기 운동을 하러 한라 생태 숲을 또 찾았다. 날이 풀려 화사한 꽃들과 연꽃이 나를 맞이했다. 햇빛을 받으며 숲을 걷고 있으니 태초의 자연을 걷는 느낌이 들었다.

태초의 자연은 어떤 모습이었을까? 킹콩이 사는 거대한 숲처럼 생겼을까? 아니면 타잔이 살던 정글처럼 생겼을까? 나는 가끔씩 대자연이 나오는 영화를 볼 때마다 태초의 자연의 모습을 상상하곤 한다. 나에게 태초 자연의 모습은 정리 안 된 숲이 우거지고 숲 깊은 곳에 거대한 폭포수가 흐르고 있을 거 같은 모습이다. 거기에 쥬라기 공원의 공룡이나 영화 킹콩의 거대한 킹콩 갑자기 튀어나올 거 같은 모습이 떠오른다.

이런 상상은 아마 판타지 영화가 나에게 심어놓은 편견일지 모르겠다. 제주에서 숲길을 걷다 보면 '아~ 아마 이런 곳이 태초의 자연이 아닌가?' 라는 생각이 드는 곳이 바로 한라 생태 숲이다.

한라생태숲은 이름에서 나온 것처럼 제주도의 모체가 되는 산 한라산의 '한라' 와 생태를 합친 단어이다. 그만큼 이곳은 한라산의 다양한 생태계를 축소한 곳으로 볼 수 있다. 이곳은 사계절 언제나 와도 좋은 곳이다. 봄에는 목련종림, 여름에는 수생 식물원, 가을에는 단풍 광장, 겨울에는 구상나무 숲이 조성되어 있으니 언제 방문해도 계절에 맞는 식물을 만날 수 있다. 한라 수목원 보다 면적이 넓은 한라 생태숲은 전체 탐방 코스가 길어 탐방 시간이 1~3시간 코스로 나뉜다. 물론 임산부에게 3시간 장기 코스를 권해 주고 싶지는 않다. 1시간 정도 천천히 숲을 느끼면서 걷는다면 그걸로 충분하다.

제주에서 태초의 자연을 느끼면서 맑은 공기를 마시고 싶다면 한라 생태 숲을 들러보자. 사시사철 다른 매력을 뽐내는 숲을 걸으며 뱃속 내 아이에게 제주 태초의 숲의 공기를 전해 주자. 뱃속 내 아이를 위해 숲속을 거닐기만 해도 엄마의 기분이 좋아질 테니까.

여행 TIP

한라생태숲에는 매일 오전 10시와 오후 2시에 무료로 숲 해설사가 운영 중이기도 하다. 한라 생태숲이 궁금하다면 숲 해설사의 도움을 받아도 좋다.

주소 : 제주시 516로 2596
전화번호 : 064-710-8688
매일 : 09:00~18:00(하절기)/09:00~19:00(동절기)
입장료 : 무료
홈페이지 : http://www.jeju.go.kr/hallaecoforest/index.htm

04
—

한라수목원
수목원 끝에서
위안을 얻다
[임신 26주/독서태교]

내가 사는 제주시 노형동에는 한라 수목원이 있
다. 나는 이 한라 수목원이 좋아 자주 갈수 있는 노형동에서 오래 살
고 있다. 한라 수목원에 매일 산책을 가고 싶어 집을 구할 때 수목원
근처에 집을 여러 군데 찾아다니던 기억이 있다. 그 정도로 늘 가고
싶고, 내 삶에 활력이 필요할 때 달려가는 곳이기도 하다. 제주시의
중심가에 살고 있지만 이 한라 수목원이 있어 제주의 삶을 풍요롭게
누릴 수 있는 이유이기도 하다.

집에서 가깝다는 이유로 나의 임신 기간 내내 때로는 뱃속 아이와,
때로는 남편과, 때로는 가족과 산책을 많이 다녔다. 지금도 현재 진행
중이다.

두리를 임신하고 어느덧 26주가 되었다. 벌써 26주라니! 반이 훌쩍 넘고 있었다. 가볍게 샤워를 하고 보디로션을 바르는데 유두에 하얀색 물체가 묻어 있었다. '아니 이게 뭐지?' 유즙이었다. 첫째를 임신했을 때는 임신 8개월쯤 나왔던 유즙이 둘째는 더 빨리 나왔다. 유선이 본격적으로 발달하는 시기이긴 하지만 둘째라 그런지 내 몸은 생각보다 더 빨리 모유를 준비하고 있었다. 나의 몸이 벌써 아이를 맞을 준비를 하는 걸 보니 이제 정말 두 아이의 엄마가 되는구나 실감이 됐다.

샤워를 마치고 화장품을 바르고 있는데 이번에는 눈가의 기미가 유독 눈에 띄었다. '기미도 벌써?' 임신을 하면 호르몬의 영향으로 멜라닌 세포가 활성화되기 때문에 피부에 색소가 침착되어 없던 기미가 생기거나, 원래 있던 기미는 그 색이 더 진하게 색소 침착이 된다. 첫째를 임신 했을 때는 8개월쯤 돼서야 눈에 띄게 어두워 보였던 기미도 더 빨리 진행이 되었다. 희미하게 보이던 기미도 색이 더 짙어 보이는 건 기분 탓일까? 호르몬의 변화란 어쩜 이렇게 신기한지! 내 몸은 이제 엄마가 되기 위한 준비를 본격적으로 시작한 듯했다.

첫째를 임신하고 출산하면서 내 몸이 이미 한 번 여자에서 엄마로 변했던 경험이 있지만, 또다시 겪는 이 변화들은 놀라울 따름이었다. 한편으로는 점점 살이 붙어가는 나의 모습을 보면서 '이러다가 아줌마 몸매로 되는 건 아니겠지?' 다시 임신 전 모습으로 돌아갈 수 있을까? 하는 불안감이 드는 것도 어쩔 수 없었다.

태교여행을 가거나 교외활동을 하기에 좋은 시기이지만 유난히 추
웠던 겨울이라 나는 밖에 외출을 많이 못하는 신세였다. 나는 집에서
첫째와 할 수 있는 태교인 동화책 읽어주기, 동요 불러주기를 하며 시
간을 보내고 있었다. 하지만 아이들만을 위한 시간을 보낼 수는 없지
않은가? 엄마도 사람이기에 무언가 나를 위한 시간이 필요하기도 했
다.

이때부터 본격적으로 '독서태교'를 시작했다. 첫째의 낮잠을 재우
고 나의 시간이 생기면 나는 그 시간에 몰입독서를 했다. 나의 관심분
야인 태교와 관련된 책을 많이 읽기도 했지만 엄마인 나의 마인드를
고취시켜 주는 책도 많이 읽었다. 이왕 읽는 거 뱃속 아이를 생각해
글귀가 아름다운 문장이 있는 책들도 읽었다.

책을 읽으면서 나오는 좋은 글귀는 다시 낭송을 해주며 태담을 대
신하기도 했다. 독서 태교를 하면서 나는 무의식 속에 억압된 감정의
응어리가 많다는 걸 느꼈다. 독서를 많이 하다 보니 육아로 힘들었던
나의 정신이 안정을 회복하는 카타르시스도 경험하게 되었다.

독서는 지금 현실에 대한 객관적인 인식을 갖게 되는 계기가 되기
도 했다. 그렇다 보니 어린 첫째를 키우며 임신까지 하게 된 내 상황
을 슬기롭게 받아들이고 행복한 임신 기간으로 바꾸기 위해 더욱 독

상쾌한 겨울의 공기가
우리를 맞이 했다. 수목원 겨울 정취는
다른 세상에 온 듯 하다.

서에 집중했다.

지극히 내면적인 활동인 독서는 엄마인 내가 행복하기 위해 시작한 거였다. 책을 읽을수록 내 감정의 응어리가 풀리면서 마음이 안정이 되니 좋은 태교로 자리를 잡았다. 독서를 하면 상상을 많이 하게 된다. 대부분 기분이 좋아지는 긍정적인 상상이다. 그만큼 엄마의 뇌가 자극이 되고 뱃속 아이의 뇌 자극에도 도움이 된다.

자궁경부무력증(임신중기에 어떠한 임상적 수축의 증상 없이 자궁경이 무력해 지는 것) 진단을 받은 나의 지인 H는 임신 기간 동안 거의 누워만 있었다. 그녀는 누워있는 게 무료하여 독서를 많이 했다고 했다. 그녀는 "아이가 책만 읽는다."라며 독서태교의 효과를 톡톡히 보고 있다. 나 또한 첫째 임신 기간부터 책을 많이 읽었는데 돌쟁이부터 아침에 눈만 뜨면 책을 갖고 와 읽어 달라는 첫째 때문에 한동안 책 지옥에 시달린 적이 있다.

임신기간 엄마의 작은 태교 습관이 아이에게까지 전달되는 것을 보면 독서 태교야 말로 엄마도 좋고 아이에게까지 좋은 영향을 미치는 그야말로 최고의 태교이다.

임신 7개월이 되자 배는 불러와 점점 피로감이 몰려왔다. 그래도 집에서 첫째를 보고만 있으니 몸이 근질거렸다.

"자기야 오랜만에 수목원 갔다 올까? 우주도 집에만 있어서 갑갑할 텐데~"

우리는 집을 나서 한라 수목원으로 향했다. 형형색색의 단풍으로 물들어 있을 때 왔던 수목은 겨울의 옷으로 갈아입었다. 겨울의 수목원의 정취를 느끼려는 관광객들이 여기저기서 연신 깔깔거리며 산책을 하고 있었다.

"우주야, 두리야 겨울이 되면 이렇게 눈이 내려서 나무들도 눈꽃을 핀단다. 예쁘지?

겨울에만 볼 수 있는 풍경이야~ 우주가 엄마 뱃속에 있을 때 엄마는 이곳에 많이 왔어~ 우주가 세상에 나오면 또 와야지 했는데... 우리 우주가 언제 커서 이렇게 뱃속 동생이랑 같이 오네…엄마가 정말 행복하다!"

우주는 처음 보는 눈이 쌓인 광경을 유심히 쳐다봤다. 남편과 우주를 뒤따라 다니며 배를 쓰다듬으면서 두리에게 한라 수목원의 정취를 설명해 줬다.

첫째가 뱃속에 있을 때 자주 왔던 이곳을 그 아이가 훌쩍 커서 함께 걷고 또 다른 아이가 나의 뱃속에서 이곳을 느끼고 있다고 생각하니 참 뿌듯했다. 이게 엄마의 행복인가 생각하며 한가로이 수목원을 산책했다.

한라수목원은 중국·일본인 관광객들을 비롯해 최근에는 한국인 관광객들까지 인기가 많다. 이곳을 찾는 관광객들은 수목원을 돌아다니며 감탄사를 연발한다. 도민의 입장에서 보면 관광객들이 한라 수목원으로 오는 이유를 잘 몰랐다. 제주는 자연이 주는 그 자체가 아름다운 곳인데 인위적으로 조성된 관광지보다 더 가치가 있다고 생각하니 이해가 되었다.

한라 수목원은 14만 9782㎡의 넓이로 규모가 꽤 큰 편이다. 거기에 872종 5만여 본의 나무와 식물이 식재, 전시되어 있는 그야말로 식물의 보고이다. 게다가 10개의 테마 공원으로 분류가 되어 있는데 카테고리별로 교목원, 관목원, 만목원, 죽림원, 도외수종원, 초본원, 약·수용원, 수생 식물원, 화목원, 희귀특산 수종원 등으로 나뉘어 있다. 온실, 난 전시실, 자연생태 학습관도 있어 자연 생태 학습장이라고 봐도 과언이 아니다.

이런 자연의 보고에 가까이 살며 마음만 먹으면 산책을 갈 수 있다는 건 정말 행운이다.

수목원 입구에서부터 길을 따라 올라가다 보면 광이 오름으로 올라가는 오르막길이 보인다. 광이 오름은 비교적 낮은 오름이라 임산부에게도 큰 무리가 없는 오름이지만 자신의 컨디션이 좋거나 평소 운동을 많이 했던 사람들만 올라가길 바란다. 원래 임산부는 오르막보다는 평지를 걷는 것이 더 좋기 때문이다. 광이 오름 정상에는 간단한 운동기구들이 있어 운동을 하는 주민들을 쉽게 볼 수 있다. 정상에서 바라보는 제주시 전경도 답답한 가슴이 확 트이게 한다. 수목원을 나오면 근처에 삼계탕으로 수십 년간 전통이 있는 비원 삼계탕이 있다. 단출한 비주얼의 삼계탕이지만 그 맛은 깊이가 있다. 최근에는 자연주의 음식점인 '연우네'가 수목원 근처로 이전을 해 왔다. 수목원을 산책하고 근처 식당에서 식사를 한다면 굳이 맛 집을 찾아 헤매지 않아도 된다.

나는 일이 힘들 때 인간관계가 잘 풀리지 않을 때, 무엇인가 결정을 해야 할 때마다 수목을 찾아와 걸었다. 임신을 할 때는 한번 씩 불안한 기분이 들 때마다 찾아와서 걸었다. 그러곤 숲속의 나무들이 주는 상쾌함으로 다시 기분이 좋아져서 돌아갔다.

한라수목원! 어머니의 품처럼 위안을 주는 그곳을 산책하며 뱃속 아이에게 숲속의 정취를 느끼게 해 주면서 새소리를 들려줘 보자.

여행 TIP

4월 벚꽃철에 수목원 입구에 벚꽃 가로수, 가을 단풍철에는 단풍을 구경하기도 좋다. 수목원 입구에 수목원 테마파크, LED 정원이 조성 되어 있고, 2018년 6월부터 매일 17:00~23:00까지 수목원 야시장이 개장했다.

수목원 테마파크 내 본초 족욕 카페가 있어 휴식을 취하기에도 좋다.

본초 족욕카페 : 제주시 은수길 69
전화 : 064-749-3370 / **매일** : 09:30~20:30

한라수목원

주소 : 제주시 수목원길72

전화번호 : 064-710-7272

매일 : 09:00~18:00

입장료 : 무료

주차 : 소형 기본 1시간-1000원, 초과 1시간당 1000원

홈페이지 : http://sumokwon.jeju.go.kr

05

—

절물 자연 휴양림
산림욕만으로도
힐링 되는 곳
[임신 27주/숲태교]

　최근 뉴스를 보다가 "제주절물자연휴양림 방문객 80만명 돌파"라는 기사를 봤다. 나는 속으로 '역시 저렇게 잘 될 줄 알았어.' 라고 생각했다. 제주시 봉개동에 위치하는 절물자연휴양림은 300만㎡ 달할 만큼 광대하다. 그 가치에 비해 관광객들에게 덜 알려져 사실상 도민들은 위한 힐링의 장소였다. 관광객들이 유명 관광지에 갈 때 좀 걸을 줄 아는 도민들은 절물 자연 휴양림을 찾았다.

　휴양림 내에는 30년 이상 된 삼나무가 빼곡히 들어서 있다. 소나무와 산뽕나무도 자라고 있어 사시사철 그 푸르름을 자랑하는 곳이다. 특히 한여름에 이곳을 찾으면 삼나무 숲이 주는 시원함에 더위가 싹 가신다.

결혼을 하고 신혼 초에 나는 남편과 절물 자연 휴양림에 갔었다. 짧게 연애하고 결혼을 한 탓에 우리는 시간이 날 때마다 연애하는 기분으로 제주 곳곳을 돌아 다녔다. 그 많은 곳 중에서 여름하면 기억에 남는 곳이 바로 절물자연휴양림이다.

아침 일찍 도착한 절물휴양림은 사람이 많이 없었다. 아침이라 그런지 상쾌한 삼나무 숲의 향기가 더욱 코를 자극 했다.제주에 오래 산 나도 여름의 절물자연휴양림은 처음이었다.

삼나무 숲을 따라 길을 걸으니 마치 영화 아바타의 주인공이 되어 숲을 다니는 것처럼 느껴졌다. 삼나무 숲 사이로 비치는 태양도 영화의 한 장면처럼 빛이 났다. 숲에서 산림욕을 마치고 우리는 절물오름을 올랐다. 조금 가파르지만 오르는 길 자체가 힘들지는 않아 쉽게 오를 수 있었다. 정상에서 바라보는 제주 시내와 한라산은 '정말 잘 왔구나.'를 느끼기에 충분하다. 절물오름 오르는 길에는 졸졸졸 맑은 물이 흘러나오는 약수가 있다. 이 약수가 바로 절물이다. 이 약수 이름을 따서 절물자연휴양림이라는 이름이 붙여졌다.

나른한 오전, 겨울의 추위가 물러갈 때쯤 창밖으로 보는 날씨가 너무 화창했다. 둘째 두리를 임신하고 27주차에 접어든 나는 한동안 제주의 폭설로 꼼짝없이 집에만 있었다.

"오늘 날씨 너무 좋다! 집에 있기에는 아까워"

"맞아~ 나가자!"

"어디 가고 싶어?"

"나 절물휴양림!!"

임신 7개월. 확실히 몸이 무거워 진 걸 느꼈다. 둘째라서 그런지 배가 더 빨리 커지는 느낌이었다. 몸이 커지니 점점 움직임이 둔해져 '다 귀찮다' 라는 느낌이 많이 들었다. 그런데도 겨울의 화창한 날에 집에만 있기에는 아쉬웠다. 나는 며칠 전 뉴스에서 봤던 절물자연휴양림이 떠올랐다. 겨울의 절물자연휴양림은 어떨까 생각하며 나갈 채비를 했다. 외출을 준비하며 양치질을 하고 있는데 잇몸에서 피가 났다.

"자기야 뭐 해~빨리 나와~"

"잇몸에서 피가 나서…"

"뭐? 피? 양치할 때 너무 세게 하는 거 아냐?"

"아니야~원래 임신하면 호르몬 때문에 구강환경이 예민해져서 잇몸에서 피가 날 수 있다고 했어. 나도 처음 겪는 거라 당황스럽네."

"그렇구나."

임신 호르몬은 나의 몸의 여러 변화를 느끼게 했다. 첫째를 임신할 때 여러 책을 통해 잇몸이 약해져 피가 날 수 있다는 내용을 본 적이 있다. 실제로 내가 경험하니 호르몬의 변화란 정말 신기할 따름이었다.

숲 사이로 난 산책길이 걷기에 편리 하다.

7개월쯤 뱃속 아이는 신체적, 정서적, 감각적으로 급격한 발달을 이루는 시기이다. 뇌기능이 빠르게 발달하여 몸의 움직임을 통제할 수 있는 시기이기도 하다. 이 시기의 뱃속 아이에게 맑은 산소를 충분히 공급해 주는 것이 중요하다. 맑은 공원 산책이나, 복식 호흡을 통해 뱃속 끝까지 공기를 공급해 주면 뱃속 아이의 뇌가 발달한다. 이 시기에 숲을 걸으며 숲 태교를 하면 뱃속아이에게 좀 더 양질의 산소를 공급해 줄 수 있다.

'숲 태교'를 할 때는 숨을 깊이 들이 쉬고 내쉬며 복식호흡을 여러 번 반복해야 한다. 그래야 산소가 뱃속까지 전달된다. 새소리를 들으며 숲길을 걸으면 뱃속 아이에게는 신선한 공기와 자연의 소리를 전해주고 엄마도 숲의 치유 효과를 누릴 수 있다.

산림청에서는 임신부들이 숲속을 걸으며 산책을 하면 스트레스 호르몬인 코르티졸이 15%가량 줄어든다는 조사 결과 내놓기도 했다. 실제로 둘째 임신 기간 동안 숲을 많이 다니며 숲태교를 하고 있는 나는 다녀올 때마다 확실히 스트레스가 쫙 풀리고 몸과 마음이 상쾌하다는 걸 몸소 느끼고 있다.

"아~시원해~! 가슴이 뻥 뚫리는 기분이야!!"
휴양림 입구에 들어서니 숲의 기운이 느껴지면서 정말 머리부터 가슴까지 뻥 뚫리는 시원함이 느껴졌다. 입구에 도착하니 삼나무 숲 사이로 건강 산책로, 삼울길, 만남의 길, 생이 소리질 등 다양한 산책로가 눈에 띄었다. 우리는 삼울길과 장생의 숲길만 가기로 하고 천천히 산책을 시작했다. 겨울의 차가운 기운과 삼나무 숲이 만들어낸 좋은 기운이 어우러져 숲의 공기는 더욱 상쾌했다.

먼저 삼울길을 걸었다. 삼울길은 소나무가 우거져 있었다. 소나무의 상쾌한 숲의 향기가 전해졌다. 나무로 만든 산책로가 잘 정비되어 있어 유모차로 첫째 우주랑 함께 가기에도 좋았다. 숲속에 난 길을 걸으며 나무에 취하고 있을 때 놀이터가 나타났다.

날씨가 추워 우주와 놀이터에서 놀지는 못했지만, 아이들이 커서 또 와서 놀아야겠다고 생각하며 길을 돌아 장생의 숲길로 향했다.

휴양림 입구에서 오른쪽으로 난 길이 장생의 숲길이다. 장생의 숲길은 울창한 삼나무 숲이 특징이다. 중간에 나무로 만든 돌하르방과 장승들이 익살스럽게 우리를 맞이했다. 삼나무 숲의 향기가 온몸을 감쌀 때 나는 깊이 숨을 들이 쉬고 내쉬기를 반복했다. 시원한 삼나무 향이 코를 타고 뱃속 아이한테까지 전해지는 듯 했다. '콩콩콩' 갑자기 두리가 태동을 시작했다.

"두리야~ 좋아? 엄마가 기분이 좋으니까 우리 두리도 기분이 좋구나! 엄마 아빠 우주 형이랑 절물자연휴양림에 왔어~ 엄마 숲에 오니까 너무 시원하고 기분이 좋아. 우리 두리도 엄마의 기분을 다 느끼고 있었구나~~" 두리는 7개월 차에 접어들자, 힘이 세졌는지 더욱 힘차게 태동을 했다.

숲길 중간에는 쉬어 갈 수 있도록 나무 평상이 준비되어 있었다. 나는 잠시 평상에 앉아 눈을 감고 더 깊이 호흡을 했다. 삼나무의 좋은 기운이 우리 두리에게까지 전해지도록 깊은 호흡을 여러 번 반복했다. 다행히 지나가는 사람이 없어 호흡하면서 잠시 명상도 할 수 있었다. 명상을 하고 나니 내 마음이 오히려 더 차분해 지는 느낌이었다. 깊은 호흡은 머릿 속까지 맑게 만들었다. 역시 여기에 오길 잘했다는 생각이 들었다.

"우리 여기 자주 오자!" 남편도 오랜만의 숲 산책이 좋았는지 산책을 마치며 돌아오면서 말했다. 우리는 다음을 기약하며 발걸음을 옮겼다.

제주에서 삼나무의 향기를 마음껏 마시며 숲태교를 하고 싶다면 나는 망설임 없이 "절물자연휴양림으로 가세요!" 할 것이다. 시원한 삼나무의 기운을 얻으며 그동안 쌓였던 임신 스트레스가 한방에 날아갈 것이기 때문이다. 더불어 한결 가벼워진 마음의 자신을 발견할 것이다.

입구 매표소에서 무료로 유모차를 대여 할 수 있다. 유모차가 필요한 첫째가 있다면 참고할 것.

주소 : 제주시 명림로 584 절물휴양림
전화번호 : 064-728-1510
매일 : 09:00~18:00
입장료 : 일반-1000원, 어린이-300원
홈페이지 : http://jeolmul.jejusi.go.kr

06
—

에코랜드
기차타며 신비의 숲
곶자왈을 느끼다
[임신 34주차/아빠태교]

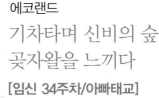

　　얼마 전 텔레비전 프로그램을 시청하다가 충격적인 장면을 봤다. 리얼 다큐멘터리 프로그램이었는데 임신한 아내에게 욕을 하는 남편의 모습이었다. 그 남편은 첫째를 돌보며 둘째를 임신한 아내가 집에서 빈둥거린다고 생각했다. 자신만 가정을 위해 희생한다고 여기는 듯했다.

　　아내가 임신한 힘든 몸을 이끌고 밥을 해 주면 "네가 한 밥 맛이 없다. 너나 먹어라. 가서 라면이나 끓여 와라."라는 등 막말을 했다. 그것도 모자라 자신이 신고 있던 양말을 던지면서 온갖 부정적인 말을 하며 아내에게 스트레스를 풀었다. 임신한 아내를 배려는 못 할망정 자신의 기분대로 행동하고 말하는 그 남편을 보고 정말 화가 났다. 그 남자는 아빠가 될 마음이 없는 사람 같았다. 아빠의 사랑을 받아야 할 뱃속 아이가 뱃속에서부터 아빠의 부정적인 소리를 들어야 한다고 생각하니 더 안타까운 생각마저 들었다.

    임신은 아내 혼자 감당해야 될 사안이 아니다. 부부의 합의로 아이를 가졌다면 태교 또한 같이 해야 된다. 아빠가 할 수 있는 태교는 어떤 것이 있을까? 어렵게 생각하지 않았으면 한다. 아내가 스트레스를 받지 않도록 도와주는 것이 가장 좋은 아빠 태교이다. 평소보다 술자리 횟수도 줄이고, 술자리가 있어도 귀가를 빨리하여 아내가 불안하거나 걱정하는 일이 없도록 해야 한다.

    그 외에도 아빠가 할 수 있는 태교는 많다. 사랑하는 아내와 뱃속 아이를 위해 튼살 크림을 발라 주고 손이나 발이 부은 아내에게 마사지를 해 주는 거다. 남편이 아내를 위해 마사지를 해 주면 부부애가 증진되어 그 좋은 감정이 뱃속 아이에게도 전해질 것이다.

    아빠가 해주는 태담 태교도 효과가 좋다. 중저음의 아빠의 목소리는 주파수가 낮아 양수를 더 잘 통과하기 때문에 뱃속 아이는 아빠의 목소리를 더 좋아한다. 예비 아빠들에게 태담을 해 주라고 하면 쑥스러워 잘 하지 않으려고 한다. 그럴 땐 아빠에게 동화책을 읽어주게 하면서 자연스럽게 아빠가 태교에 참여할 수 있게 해야 한다.

    아빠가 배를 쓰다듬거나 가만히 배에 손을 대어 책을 읽어주거나 그날 있었던 일을 이야기해 준다면 엄마와 아이 모두 편안함을 느낄 것이다. 아빠는 아이에게 자부심과 사회성을 키우는데 중요한 역할을 한다. '아이가 태어나서 육아를 도와주면 되지' 라고 생각하지 말고 태교 때부터 관심을 갖고 참여를 해야 아이에 대한 부성애가 생기고 출산 후 육아 참여율도 높일 수 있다.

내가 첫째를 임신했을 때에도 아빠 태담 태교를 많이 했다. 그래서 그런지 지금까지 아이 아빠와 첫째 우주와의 공감대 형성이 많이 된다. 엄마만 따르는 다른 아이들에 비해 첫째는 아빠를 좋아하고 잘 따른다. 태교부터 참여한 남편도 아이에 대한 애정이 남다르고 육아도 곧잘 한다.

이상 기온 현상으로 이번 제주의 겨울에 폭설이 많이 내리더니 3월이 되니 날씨가 많이 풀렸다. 벌써 두리 임신 34주차를 맞이했다. 산부인과 정기검진도 2주 만에 한번 가다 보니 하루하루 정신없이 보내다 보면 이내 정기검진 날이 돌아왔다. 다행히 두리는 잘 자라고 있었다. 두리가 잘 자라는 만큼 내 배도 나날이 커져 위를 압박하는 일이 많아졌다. 마치 임신 초기 때처럼 속이 메스껍고 울렁거리는 증상이 심해졌다. 밥을 많이 먹는 날이면 어김없이 쓴 물이 위로 올라와 메스꺼움이 더 심해지곤 했다.

배꼽이 튀어나올 정도로 배가 커지다 보니 허리 통증이 이전보다 더 자주 느껴졌다. 설거지를 하다가도 오래 서 있으면 허리가 아파 잠시 쉬었다가 할 정도였다. 잠을 자다가 쥐가 나는 경우가 자주 있다 보니 첫째 우주도 자꾸 자기 다리를 들어 보이며 다리가 아프다고 나를 따라 했다.

이 시기에는 배가 커지는 만큼 하체에 미치는 부담감도 커진다. 그러다 보니 허리 통증이 생기기도 하고 다리가 붓고 당기기도 한다. 이럴 때는 다리 밑에 베개를 올려놓고 자면 아래로만 쏠렸던 피가 순환이 잘되어 붓고 당기는 현상을 완화시킬 수 있다. 남편에게 종아리 마사지를 부탁해도 좋다.

봄의 기운이 완연한 날 오랜만에 동생과 함께 에코랜드를 찾았다.

기차를 타고 에코 브리지 역에 내렸다. 맑고 넓은 호수 위에 수상 데크가 깔려 있다. 마치 스위스 취리히에 온 것처럼 고요한 호수다. 넓고 파란 호수를 보니 가슴이 확 틔었다. 천천히 수상 데크를 걸으니 호수 위를 걷는 듯한 느낌이 들었다. 역시 에코랜드는 올 때마다 좋은 곳이다.

"오랜만에 나오니 좋다~"

"응. 정말 좋네~"

"아이코 두리도 좋은지 발을 빵빵 차네."

"두리도 밖에 나오는 거 좋아하는구나."

"엄마가 기분이 좋으니까 두리도 다 느끼는 거지~"

라벤더, 그린티 & 로즈가든역 유럽식 정권과 러벤더 밭이 펼쳐진다.
레이크사이드역은 목초지를 이용하여 만든 호수와 풍차가 이국적이다.

동생과 두런두런 이야기를 나누며 다음 역인 레이크사이드 역으로 갔다. 조금 걷다 보면 이국적인 풍차와 바람개비가 눈에 들어온다. 곳곳에 포토 존이 있어 사진을 찍기에도 좋다. 우리도 이국적인 풍차가 보이는 곳에 자리를 잡아 사진을 찍었다. 사진을 찍고 조금 더 걸어가면 해적선인 디스커버리 존이 나오는데 구경을 하는 재미가 쏠쏠하다.

다음은 세 번째 역인 피크닉 가든 역! 이곳에는 에코로드가 있어 본격적으로 숲을 걸을 수 있는 곳이다. 에코로드는 10분 정도 소요되는 단거리 코스와 40분 정도 소요되는 장거리 코스가 있는데 장거리 코스를 걷기로 했다.

한 바퀴 돌면서 숲의 공기를 마시니 머릿속까지 상쾌해 졌다. 배를 가볍게 문지르면서 걸으니 맑은 공기가 더 많이 전해지는 듯 했다. 에코로드 산책길을 걷고 난 후 우리는 라벤더, 그린 티 & 로즈가든 역을 거쳐 다시 기차를 타고 메인 역으로 향했다.

제주는 지역적 특성상 기차나 지하철이 없다. 어릴 때는 텔레비전에 나오는 기차 여행이 얼마나 멋있어 보였는지 모른다. 기차 여행하면 무언가 추억이 생길 것 같고 영화 '비포선라즈'에서처럼 로맨스가 펼쳐질 것만 같은 환상이 있었다. 성인이 되면서 여행을 다니며 육지에서든 외국에서든 기차 여행을 할 기회가 많았다. 기차 여행을 하며 한 번도 영화의 한 장면처럼 로맨스가 이루어지지는 않았지만 기차는 나에게 언제나 설렘을 주는 교통수단이다.

이런 제주에 기차를 타고 곶자왈을 구경할 수 있는 곳이 바로 에코랜드다. ○○랜드가 주는 식상한 관광지가 아닌 기차라는 새로운 장치를 두고 제주 숲의 허브 곶자왈에 심었다. 빨간 기차를 타고 곶자왈을 만끽하노라면 제주의 곶자왈에 감사해진다. 곶자왈의 '곶'은 숲을 의미하고 '자왈'은 암석과 가시덤불이 엉켜 있는 모습을 뜻하는 제주 방언이다. 곶자왈은 열대 북방한계 식물과 한대 남방한계 식물이 함께 섞여 살고 있는 제주도에서만 볼 수 있는 독특한 숲이다. 기차를 타고 역에서 역으로 이동하면서 곶자왈을 볼 수 있다.

에코랜드는 중산간 지역의 아름다움과 곶자왈의 특색이 오롯이 살아 있는 곳이다. 숲길을 걷기에 부담이 되거나 짧은 일정으로 여행지와 숲을 모두 느끼고 싶은 예비엄마 아빠라면 이곳을 추천해 주고 싶다. 기차를 타면서 사방의 곶자왈의 숲에서 내뿜는 상쾌한 공기를 마실 수도 있고 각 역마다 내려 가볍게 산책을 할 수 있는 곳이 바로 이 에코랜드이다.

무리가 되지 않는다면 에코로드는 장거리 코스를 추천한다. 특히 4월~11월에는 라벤더, 그린 티 & 로즈가든 역에 들러 화사하게 핀 꽃향기를 맡으며 향기 태교를 할 수도 있다.

에코랜드는 갈대가 피는 10월경이 가장 구경하기에 좋긴 하지만 사람들이 많이 붐비는 편이다. 4~5월 봄 날씨에도 나들이 겸 숲을 걷기에 좋다.

기차 타며 신비의 숲 곶자왈을 느끼고 싶다면 에코랜드에 한번 들러 보자. 이국적인 풍경과 숲길이 어울려져 즐거운 태교 여행을 즐길 수 있을 것이다.

여행 TIP

에코랜드 주변에는 맛집이 없어 점심을 먹고 가는 게 좋다. 에코 랜드를 도는데 시간(2~3시간)이 꽤 걸리므로 점심시간이 겹친다면 에코랜드 입구에 있는 식당에서 점심을 먹거나 가벼운 간식거리를 준비해 가야 여유 있게 즐길 수 있다. 역 중간의 스낵 코너에도 간단한 먹거리(와플, 어묵, 아이스크림, 음료수, 커피정도)가 준비되어 있다.

주소 : 제주시 조천읍 번영로 1278-169
전화번호 : 064-802-8020
매일 : 08:30~18:00
입장료 : 성인(만 19세이상) -14000원/어린이(만36개월~만12세)-10000원

07

서귀포 자연 휴양림
함께 걸어 더 행복한
길 위에서다
[임신 37주/명상태교]

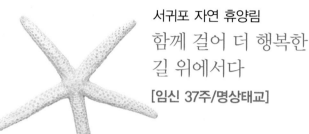

"아니 이게 다 뭐하는 거야?

"뭐긴.우리 보물이 배냇저고리랑 속옷, 가제 손수건 삶고 있는 거지"

"아까 세탁기 돌렸잖아. 근데 삶기까지 해야 돼?"

"그럼! 처음 입는 옷들이니까 깨끗하게 살균해서 입히고 싶어!"

"보물이가 엄마의 이런 정성을 알아야 할 텐데…보물이 크면 내가
꼭 말해줘야겠다."

첫째를 임신할 때다. 아기 전용 세탁기를 사기 전이라 출산 가방을
싸기 전에 배냇저고리,아이 속옷, 가제손수건을 삶는 나를 보며 남편
은 유난스럽다고 했다. 나는 아이 몸에 처음 입히는 옷이니 살균이 더
잘 되어야 한다고 생각했다. 옷은 삶아두고 출산에 필요한 준비물들

259

을 구입하고 출산 가방도 미리 싸 뒀다. 37주 이상부터는 정상 분만으로 보기 때문에 37주가 끝나기 전에 미리 챙겨두는 게 좋다. 산모에게 필요한 수건, 양말, 손목보호대, 수유패드, 수유브래지어, 산후 복대, 세면도구에서부터 아이에게 필요한 배냇저고리, 속싸개, 겉싸개, 신생아기저귀, 물티슈, 가제 손수건등 미리 챙겨두면 갑작스럽게 진통이 와도 당황하지 않는다.

출산일이 가까워질수록 출산에 대한 두려움이 밀려왔다. 그동안 임신 기간을 잘 보냈다고 생각했지만 출산을 겪어 본 적이 없으니 호흡은 어떻게 해야 하는지, 힘은 어떻게 줘야 되는지 모든 것이 다 두려웠다. 두렵고 불안한 마음이 들수록 나는 하루에 15분씩 명상을 했다. 잔잔한 음악을 틀어놓고 머릿속으로 행복하게 아이를 낳는 상상을 했다. 그러곤 '나는 순산할 수 있다'를 반복해서 되뇌었다. 명상을 하면서 나와 남편의 장점을 닮은 예쁜 아이가 행복하게 태어나 내 품에 안기는 상상을 하면 이내 마음이 편안해 지곤 했다.

내 주변에는 자연분만 중 난산으로 제왕절개를 한 케이스가 많았다. 그런 이야기를 들을 때마다 나는 내 아이를 위해 꼭 자연분만을 하겠다는 의지가 강했다. 그럴수록 명상을 하면서 자연분만을 하는 상상을 했다. 명상을 할 때마다 항상 복식호흡을 연습하기도 했다. 출산을 할 때 호흡을 놓치기 쉽기 때문에 임신 후기에 명상을 하며 복식호흡을 연습해 두면 출산을 할 때 많은 도움이 된다.

명상이 끝나면 "보물아 이제 엄마 아빠 만날 날이 얼마 안 남았구나~.엄마가 너를 편안하게 낳기 위해 최선을 다할게. 우리 보물이도 엄마 도와줘요~"하고 태담을 해 줬다.

'명상 태교'는 임신 초·중·후기 모두 효과가 좋다. 임신 초기 입덧 때문에 힘들 때, 임신 중기에 무기력증이 왔을 때 가볍게 산책을 하며 명상을 하면 기분 전환이 된다. 임신 후기에는 출산에 대한 두려움과 불안함을 많이 느낀다. 이때 음악을 틀어놓고 잠시 눈을 감고 예쁜 아이를 상상하거나 기분 좋은 일을 상상하면 그것만으로 감사하는 마음을 가질 수 있다.

보물이를 임신하고 37주가 된 나는 물놀이가 너무 가고 싶었다. 여름인데다 태아의 열까지 더해져 더위를 더 많이 느꼈지만 해수욕장에 가기에는 부담이 되었다.

"자기야 너무 덥다~밖에 나갈까?"

"응 그런데 한낮이라 해수욕장에 가기엔 무리야, 어디 다른데 없나?"

"가만 있자, 그럼 우리 자연 휴양림 가자. 거긴 시원하고 물놀이 장도 있으니!"

"좋아! 요즘 덥다고 걷기 운동 잘 못했는데 좀 걷고 와야겠다."

그렇게 우리는 서귀포 자연 휴양림으로 갔다. 여름이라 그런지 주차장에는 관광객과 제주 도민들의 차들이 어울려져 많은 차들이 주차

편백나무 숲에서 피톤치드 산림욕을 즐기기에 좋다.
여름에는 수목원 내에 물놀이장을 운영하고 있다.

되어 있었다. 자연 휴양림은 꽤 길기 때문에 외곽을 도는 순환 도로가 정비되어 있다. 입구에서부터 오토 캠핌장 으로 가는 길에는 산책을 하는 사람도 있고, 오토캠핑장으로 들어가려는 차들도 다닌다. 우리는 물놀이장과 휴양림 안쪽에 자리 잡은 편백나무 숲 동산을 가야 했기에 순환도로를 이용하여 휴양림 안까지 들어갔다.

산책에 더 집중하려면 입구에서부터 산책 코스로 갈 수도 있다. 입구에서 보면 생태 산책로와 건강 산책로, 순환로 등 세 갈래의 산책로가 보인다. 입구 주차장에 차를 세워 자신에게 맞는 산책로를 선택해 걸으면 된다. 우리처럼 물놀이장과 휴양림 안쪽에 위치한 곳에 가기 위해 순환도로를 따라 시계 반대 방향으로 돌면, 제1쉼터, 어울림 마당, 물놀이장, 가족야영장, 편백나무 숲 동산, 오토 캠핑장이 나온다.

물놀이장은 처음이었다. 보통 아이들이 있는 가족들이 많이 찾는 곳이라 갈 기회가 없었다. 물놀이 장으로 내려가는 길이 임산부인 나에게 조금 가파르게 보였다. 남편의 도움을 받으며 천천히 내려갔다. 물놀이장에 들어서자 아이들이 깔깔 거리며 물놀이를 즐기고 있었다. 물놀이장 주변에는 시원한 숲과 물놀이를 즐기러 온 사람들이 돗자리를 깔고 자리를 잡아 쉬고 있었다. 잠을 자는 사람, 시원한 수박을 먹는 사람, 피크닉 도시락을 먹는 사람들이 어울려져 숲에서의 여름을 즐기고 있었다.

우리도 자리를 잡고 앉았다. 깔깔 거리면서 노는 아이들을 보고 있으니 나도 한 아이의 엄마가 되어 저렇게 아이들과 함께 올 날이 있을까 하는 생각이 들었다. 주위를 찬찬히 둘러보니 안쪽 자리에 5~6개월 정도의 아이가 엄마 아빠와 함께 온 가족이 눈에 들어왔다.

"자기야 저기 봐~ 아이 너무 예쁘다~"

"응 정말 귀엽네~"

"우리 보물이도 저렇게 귀여울까? 우리도 보물이 태어나면 여기 또 와야겠다."

"당연하지~더 예쁠 거야~"

"보물아~여기 너무 좋다~너도 저기 누나 형들이 노는 소리 들리지? 사방에는 나무들이 둘러싸여 있어서 엄마는 기분 전환도 되고 너무 좋아~ 우리 보물이가 태어나고 우리 여기 다시 오자!"

보물이가 얼른 커서 저렇게 함께 물놀이장에 올 것을 상상하며 시원한 계곡물에 발을 담가 더위를 시켰다. 정확히 1년 뒤 보물이가 10개월 되던 해에 우리는 그날의 약속을 지킬 수 있었다. 보물이가 물놀이장에서 발 장난 하는 모습을 보니 1년 전 모습이 다시 눈에 생생하게 떠오르며 나는 미소를 지었다.

물놀이장을 나와 차를 타서 순환도로를 타고 이동하면 편백나무 숲 동산이 나온다. 편백나무 숲 동산은 수명 60년 내외의 편백나무들이 장관을 이루고 있다. 우리는 잠시 내려 편백나무 숲을 걸었다. 숨을

크게 들이쉬니 편백나무 향이 가슴 깊은 곳까지 파고들었다. 편백나무의 향기가 내 세포 곳곳에 스며드는 기분이었다. 이것이야말로 피톤치드가 팍팍 나오는 산림욕이 아니겠는가! 보물이게도 이 좋은 향기가 전해지길 바라며 나는 더욱더 호흡에 집중했다.

숲에서 하는 '명상태교'는 피톤치드의 영향으로 임산부의 심신 안정에 도움이 된다. 임산부의 편안한 감정은 뱃속 아이에게 그대로 전달되어 뱃속 아이의 감성발달을 돕는다. 특히 임신 기간에 몸 관리를 잘못하면 면역력이 떨어지기 쉽다. 이때 숲에서 하는 복식호흡으로 피톤치드를 마시면 면역력 증강에도 도움이 된다.

자연 휴양림은 넓기 때문에 임산부가 전 구역을 다 돌기에는 다소 무리가 있다. 입구 매표소에서 나눠주는 팸플릿을 참고하여 자신이 산책하고 싶은 곳을 고른다. 입구와 연결되어 있는 산책로를 돌아도 좋다. 순환도로를 타고 가다가 마음에 드는 산책로가 있으면 내려서 산림욕을 즐기면 된다. 최근에는 '유아숲체험원'이 개장을 하여 둘째를 임신한 임산부가 첫째와 함께 즐기기에도 좋다.

요즘 제주에는 한창 '제주 한 달 살이'가 유행이다. 도시에 지친 사람들이 2박 3일, 3박 4일로는 모자라 한 달을 살며 제주 곳곳을 다니며 보고 싶어 한다. 그만큼 제주는 잘 알려진 관광지 외에도 알고 보면 좋은 곳들이 많이 있다. 나는 그 알고 보면 좋은 곳들 중에 하나로

'서귀포 자연 휴양림'을 꼽는다. 1100도로 가에 있어 한적하고 숲이 많이 우거져 숲을 산책하기에 최적의 장소이다.

자연휴양림은 캠핑이나 자연 휴양림 내에 펜션에서 하룻밤을 보내는 것으로도 인기가 많은 곳이다. 가족 단위의 관광객에게 인기가 많아 일찍 예약을 하지 않으면 원하는 날짜에 예약하기가 어렵다. 뱃속의 두리가 태어나 우리도 네 가족이 되면 자연 휴양림에서 꼭 한번 하룻밤을 지내고 싶다. 나와 남편은 손을 잡고 숲을 걸어 다니고, 나의 아이들은 숲에서 뛰어 놀 상상을 하니 벌써부터 행복하다.

둘에서 셋이 되는 즐거운 상상을 하며 서귀포 자연휴양림에 들려 잠시 명상 태교를 해보자. 뱃속 아이 하나로 엄마 아빠도 성장하고 있음을 느낄 수 있을 것이다.

여행 TIP

2016년 6월에 서귀포 자연 휴양림 근처에 '치유의 숲길'이 생겼다. 오르막이라 나는 만삭에 갔다 와서 조금 힘들었다. 그래도 아직 잘 알려지지 않은 숲길이라 조용한 숲을 즐기고 싶다면 치유의 숲을 들러 보자.
(사전예약제 : 주중300명/주말 600명, 자연치유 도시락 차롱 3일전 예약, 문의 : 064-760-6067)

주소 : 서귀포시 대포동 산1-1
전화번호 : 064-738-4544
입장료 : 어른-1000원, 어린이-300원
홈페이지 : http://healing.seogwipo.go.kr/index.htm

CHAPTER
05

즐거움 – 맛있게 먹고 마시는 음식태교

음식태교는 영양가 있는 음식을 먹음으로써
뱃속 아이가 자라는데 도움을 준다. 여기에 엄마가 맛있게
음식을 먹으면서 먹는 즐거움까지 더해 준다면 뱃속 아이는
엄마의 즐거운 기분까지 전달받게 된다.

01
—

제주 흑돼지의
풍미를 느끼다

"제주 맛집 추천 좀 해 주세요"

서울에 살다가 다시 제주에 내려오면서 제주에 여행 오는 지인들에게 가장 많이 받는 질문이다. 제주에는 계절마다 신선한 재료로 만든 맛있는 먹거리가 참 많다. 이른 봄에 맛있는 보말칼국수, 4~5월 살이 통통하게 오르는 자리돔, 더운 여름에 먹는 한치회, 10월 이후부터는 방어회 등 계절마다 물이 오른 재료로 만든 요리에서부터 날씨나 기분에 따라 먹는 해물뚝배기, 고기국수, 제주고사리 해장국 등 셀 수 없이 많은 요리들이 있다. 이 많은 요리들 중에서 계절에 관계없이, 뭐 먹을까 고민 없이 언제나 맛있는 음식이 있으니 바로 제주 흑돼지다.

내가 서울에 살 때, 제주 흑돼지는 나에게 '그리움'이었다. 서울의 소문난 어느 고깃집을 가도 제주에서 먹던 흑돼지의 풍미는 나지 않았다. 제주의 흑돼지는 모두 냉장육으로 신선함이 생명이다. 그런 흑돼지가 육지로 가면서 냉동육으로 한번 걸러져 오니 제주에서 맛보던 그 풍미가 사라져 버리는 것은 당연한지 모른다.

첫째 우주를 임신하고 입덧이 끝나고 식욕이 돌아왔을 때 가장 먼저 먹고 싶었던 음식이 바로 제주 흑돼지였다. 육지에서 남편과 제주 흑돼지 맛 집을 찾아 삼만 리를 돌아 다녀 봤지만 제주에서 맛보던 흑돼지를 재현하는 곳은 어디에도 찾을 수가 없었다. 나는 항상 제주 흑돼지의 맛을 그리워하며 임신 중기를 보냈다. 임신 5개월 만에 다시 제주를 찾았을 때 보고 싶은 연인을 찾아가듯 가장 먼저 찾아 간 곳도 흑돼지 집이었을 만큼 그리움이 컸다.

흑돼지의 참맛은 잘 달궈진 천연 숯에 불판을 깔고 구워 먹었을 때 나온다. 두툼하게 썰어 놓은 흑돼지를 잘 달궈진 불판에 올려놓고 '치~익' 하는 소리를 내며 익어가는 모습을 보고 있노라면 없던 식욕도 다시 돌아올 만큼 자극적이다.

맛있는 흑돼지는 살코기와 비계의 비율이 적당해야 한다. 보통 여자들은 돼지고기의 비계를 싫어한다. 하지만 잘 구워진 흑돼지의 비계는 고소하고 쫄깃하여 여자가 먹기에도 비리지 않다. 살코기와 비계의 비율이 좋아야 씹는 맛이 더욱 좋다.

서울의 고깃집들은 제주의 흑돼지처럼 두툼하게 썰어주지 않아 풍미가 떨어진다. 그에 반해 제주의 고깃집들은 보통 2~3cm 내외로 두툼하게 고기를 썰어 주기 때문에 흑돼지의 육즙을 그대로 느낄 수 있다. 어떤 고깃집은 직접 고기를 구워주기도 한다. 굽는 방법에 따라 고기 맛이 달라지기 때문이다. 그래서일까. 소문난 흑돼지 집 '흑돈가', '늘봄흑돼지', '칠돈가' 모두 흑돼지를 주문하면 종업원들이 직접 고기를 적당히 구워준다.

어린 시절, 할머니 댁은 작은 시골 마을이라 일명 똥돼지를 키우는 돗 통시(돼지를 키우는 화장실)가 있었다. 똥돼지는 돼지치고는 크기가 작고 전신이 전부 검은색이었다. 할머니는 똥돼지가 활동할 수 있게 꽤 넓은 규모의 돌담으로 우리를 만들어 똥돼지를 키웠다. 그 우리 바깥쪽에는 계단을 만들어 올라가서 볼일을 볼 수 있게 작은 구멍이 하나 있었다. 그게 바로 화장실이었다.

상상해 봐라! 내가 볼일을 보고 있으면 똥 돼지가 놀고 있다가 내 밑으로 기어 들어오는 모습을… 어릴 때는 볼일을 보다가 돗 통시에 빠질까 봐 무서워 돗 통시에 가는 사이에 항상 옷에 볼일을 보곤 했다. 할머니 댁에 지내는 동안 할머니는 우리가 말을 듣지 않으면 항상 똥 돼지우리에 놓아 버리겠다며 겁을 줬다.

그 옛날 척박하고 어렵던 시절, 돗 통시에서 키우던 똥 돼지가 늙으

흑돼지 오겹살

구이에 같이 찍어 먹는 멜젓

면 그 똥돼지를 잡아먹었다. 아마 그게 제주 사람들이 흑돼지를 먹는 시초가 아니었을까 생각해 본다. 그래서 어릴 때 할머니 댁 동네에서 돼지 잡는 날 먹던 삶은 돼지고기가 그렇게 맛이 있었나 보다.

1970년대 후반부터는 돗 통시에서 돼지를 키우는 사례가 거의 사라졌다고 전해진다. 제주에서도 중산간지역 이었던 시골에 살던 할머니 덕에 나는 그 귀한 똥돼지를 볼 수 있었다. 사람의 인분을 먹고 자란 똥돼지를 잡아먹는 것이 자칫 비위생적이라고 생각할 수 있다. 실제로 내가 본 돗 통시는 냄새도 나지 않고 오히려 깨끗했다. 똥 돼지는 인분이 변질되기 전에 곧바로 먹이로 섭취한다. 때문에 오히려 인분에 포함된 미생물과 유산균을 먹어 면역력에 좋다고 한다. 그만큼 제주 선조들의 지혜를 엿볼 수 있는 대목이다.

지금은 흑돼지의 맛과 영양을 인정받아 식용으로 사육을 하고 있지만 가끔 그 시절의 추억이 그립기도 하다.

제주의 흑돼지는 부위별로 오겹살과 목살이 가장 대중적으로 잘 알려지고 맛이 좋다. 이런 제주 흑돼지 구이를 근 고기로 즐기는 방법도 있다. 근 고기는 400~600g 정도의 덩어리로 파는 돼지고기를 말한다. 흑돼지를 근고기로 먹는다면 그 육즙이 살아 있어 흑돼지의 풍미를 더욱 느낄 수 있다.

흑돼지를 구이 말고 다르게 즐기는 방법이 있다. 흑돼지 근고기를 수육을 삶듯 잡냄새 없이 푹 삶아낸다. 그 수육을 '돔베'에 먹기 좋은 크기로 잘 썰어내어 바로 먹는 고기가 제주의 '돔베고기'이다. 여기서 '돔베'란 제주 말로 도마를 뜻하고 '돔베고기'란 말 그대로 돔베 위에 올린 돼지고기라는 뜻이다. 옛날부터 제주에선 나무 돔베를 이용했다. '돔베고기' 하면 나무 도마 위에 올려진 삶은 수육이 떠오르는 건 바로 이 때문이다.

내가 어릴 적 아버지께서는 할머니 댁이 계신 본가 마을에서 돼지 잡는 날이면 돼지고기를 덩어리로 구해 오셔서 푹 삶아 도마 위에 놓고 바로 썰어 우리에게 주셨다. 아마 삶은 돼지고기를 따뜻할 때 더 맛있게 먹기 위해 접시에 담지 않고 따뜻한 기운이 남아 있을 때 바로 먹는 '돔베고기' 문화가 발달 한 거 같다. 그때 먹었던 쫄깃하게 삶아진 흑돼지의 맛은 지금까지도 잊을 수 없다.

이런 흑돼지 돔베고기는 제주 식 정식집이나 고기국수를 파는 곳에서 맛볼 수 있다.

제주도에서 여행자들을 대상으로 설문 조사를 한 적이 있다. 제주도 최고의 음식을 뽑는 내용이었다. 그 결과 제주 돼지고기가 1등을 했다. 정말 동감한다. 제주의 돼지고기 중 으뜸은 단연 흑돼지다. 제주에 오래 산 나도 주기적으로 흑돼지를 먹으러 다닐 만큼 흑돼지가 맛있는데 가끔 여행 오는 여행객들은 오죽할까?

일 년에 4번 정도는 제주를 찾는다는 우리 부부의 지인은 "흑돼지 먹으러 제주에 온다."라고 자신 있게 말할 정도이다. 제주가 특별한 건 자연이 주는 경관도 아름답지만 식도락 여행에서 주는 즐거움이 있기 때문이다.

뱃속 아이의 뇌 발달은 임신 초기부터 시작해 태어난 이후에도 꾸준히 이어진다. 뇌 발달은 태내 환경이 영향을 미친다. 두뇌의 발달을 위해서 꼭 필요한 것 중 하나가 바로 단백질이다. 단백질 식품은 매일 1회 이상 먹어주는 게 좋다. 고단백질인 소고기가 가장 좋겠지만 매일 먹기에는 질릴 수 있다. 이럴 때 제주에 태교여행을 와서 단백질 식품군인 흑돼지를 먹어보자. 신선한 야채 쌈에 멜 젓(멸치젓)을 콕 찍어 먹는 흑돼지 한 점이 이렇게 행복한 것이었나 하는 생각이 들 것이다. 제주에서 엄마가 음식을 먹으면서 느끼는 행복함이 뱃속 아이에게 전해지는 진정한 음식태교를 즐겨보자.

늘봄 흑돼지

제주시 노형동에 위치한 흑돼지 집. 흑돼지의 다양한 부위를 맛 볼 수 있다.식당이 크고 쾌적해 가족과 함께 온 태교여행에 추천한다.

매일 11:00~23:30~23:40(연중무휴)
위치 | 제주시 한라대학로12
전화 | 064-744-9001

칠가돈

흑돼지를 근고기로 맛 볼 수 있는 곳.고기가 두툼하여 육즙이 살아 있다. 본점은 제주 공항과 가깝다.

매일 | 13:30~22:30
위치 | 제주시 서천길 1
전화 | 064-727-9092

분점 중문점 | 서귀포시 중문관광로 **전화 |** 064-738-1191
성산포점 | 성산읍 고성오조로137 청솔가든 **전화 |** 064-784-5522

흑돈가

늘봄 흑돼지 만큼 규모가 큰 흑돼지 집. 늘봄 흑돼지 맞은편에 있다. 동행한 아이를 위한 부스터가 제공되어 둘째 태교여행 가족에게 좋다.

매일 | 11:30~22:00
위치 | 제주시 한라대학로 11
전화 | 064-747-0088

ZZZ 흑돼지

제주시 연동에 위치. 내부가 깔끔
하고 까페같이 분위기 있는 고깃
집. 데이트 하는 기분으로 흑돼지
를 맛볼 수 있다.

매일 | 11:30~23:00(15:00~17:00
　　　　Break Time)
위치 | 제주시 신대로 104
전화 | 064-747-7222

안거리 밖거리

안거리 밖거리: 서귀포 이중섭 거
리에서 바다 방향으로 조금 내려
가면 안거리밖거리 제주 정식집이
나온다. 가성비가 높은 곳. 흑돼지
돔베고기를 맛 볼 수 있다.

매일 | 08:00 - 21:00
위치 | 서귀포시 솔동산로 6-1
전화 | 064-763-2552

02
—

건강한 한끼 식사,
자연주의 음식

"뭘 먹으면 좋을까?"

임신을 하고 외식을 할 때마다 항상 고민을 했다. 조심해야 할 음식
도 많고 이왕 외식을 하는 거 뱃속 아이를 위해 건강한 음식을 먹고
싶어서였다. 임산부에게 가장 좋은 음식은 신선한 제철 재료로 만든
집 밥이지만 배가 불러오고 요리를 하는 것도 버거울 때는 외식을 하
기도 한다.

임산부이기에 재료는 신선한지, 자극적이거나 부담스러운 음식은
아닌지 고민도 많이 했다. 그래서 찾게 된 게 바로 자연주의 음식이었
다. 재료의 원산지가 제주도가 대부분일 것, 한 끼를 먹더라도 영양분
을 충분히 만족시킬 것 등 깐깐하게 음식점을 골라서 먹었다. 같은 임

산부의 입장에서 내가 먹었던 음식점 중 만족도가 높았던 몇 곳을 추천해 본다.

　제주시내권에 자연주의 음식점으로 정평이 난 곳이 있다. 바로 '연우네' 이다. 돌솥 정식으로 제주 도민들의 입맛을 사로잡던 이곳은 한라 수목원 근처에서 수목원 입구 쪽으로 이전을 해 왔다. 식사를 하러 가기 위해 수목원 입구를 지나야 하기에 드라이브하는 기분을 낼 수 있는 곳이다. 자연주의 음식점답게 모든 재료가 신선하다. 이곳의 주 메뉴는 보쌈과 돌솥 밥이 나오는 돌솥 정식, 돌솥비빔밥, 들깨 수제비 등이다. 모든 메뉴에서 화학적 조미료의 맛이 느껴지지 않는 깔끔한 맛이 난다. 기본 반찬으로 나오는 샐러드와 돌솥 정식의 밑반찬으로 나오는 샐러드의 드레싱은 다시 생각이 날 만큼 맛있다.

　둘째를 임신한 요즘 가볍게 점심을 먹고 싶을 때 연우네에 가서 점심을 해결하고 수목원 산책을 하다 오곤 했다. 이곳의 음식은 재료 자체가 신선하고 부담이 없어 소화가 잘 안 되는 임산부에겐 제격이었다. 식사를 마치고 근처 한라 수목원을 산책한다면 자연이 주는 음식을 먹고, 자연을 걷다오는 기분을 느낄 수 있다. 특히 부모님과 함께 온 태교여행이라면 부모님의 입맛에도 딱 맞는 한 끼 식사가 될 것이다.

제주시에서 애월 방향으로 길을 따라 드라이브를 하다 보면 길가에 분홍색 지붕의 돌담집을 볼 수 있다. 지붕의 색감과 간판이 워낙 화사하여 차를 타고 지날 갈 때마다 저절로 눈이 간다. 이곳이 화사한 지붕 색상만큼이나 이름마저 아름다운 자연 밥상 '꽃밥' 이다. 엄마가 해 주신 집 밥이 그리울 때 한번 씩 찾는 이곳은 정갈한 한정식을 파는 곳이다. 10가지 넘는 반찬과 찌개가 한 상 가득 차려진다. 직접 가꾼다는 텃밭의 신선한 야채에 조미료를 사용하지 않고 천연 재료의 맛을 그대로 살렸다. 그래서 모든 음식이 담백하다.

날이 좋은 점심, 햇살이 가득 들어오는 방에 앉아 어머니가 차려 주신 음식처럼 정성이 가득 담긴 꽃밥의 음식을 먹고 있자면 감동적이기까지 하다.

몇 달 전, 태교여행을 온 지인에게 이곳을 추천해 줬다. 그 지인은 자극적인 음식을 먹다가 꽃밥의 음식을 먹으니 부대낌 없이 소화가 잘 되고 맛있다며 칭찬을 아끼지 않았다.

선흘리는 제주시 조천읍에 위치한 곳으로 거문 오름으로 유명한 곳이다. 오름 등산객 외에는 유명 관광지가 있는 곳은 아니 여서 주변의 맛 집이 비교적 적은 곳이다. 이곳에 자연주의 음식점 '선흘곶' 이 있다.

처음 이곳에 들어서면 신경을 안 쓴 듯한 외부와 투박한 내부에 조금 놀랄지도 모르겠다. 손님 맞을 채비를 하지 않고 있는 그대로 손님을 맞이하는 느낌이랄까? 시골 동네의 식당처럼 내부 또한 소박하기에 그지없다. 메뉴 또한 단출하다. 쌈밥 정식 단일 메뉴이다. 하얀 종이에 손 글씨로 써 내려간 원산지 표시는 이곳의 콘셉트일지 모르나 전혀 상업적인 냄새가 안 난다. 나는 꾸미지 않고 있는 그대로를 보여 주는 이곳이 정감 있고 좋다.

쌈밥 정식은 제주의 돔베고기와 고등어구이를 메인으로 여러 가지 반찬이 나온다. 심심하게 무쳐 낸 나물 반찬은 어머니가 해 주시던 제주의 맛이다. 돔베고기 또한 돼지의 잡냄새가 나지 않고 적당히 잘 삶아 내어 고기와 비계가 적당히 부들거려 씹는 맛이 좋다. 고등어 구이는 또 어떤가? 굽는 방법이 다른 건지 이곳의 고등어구이는 적당히 기름지지만 느끼하지 않고 맛이 좋다.

제주 태교여행을 하며 어머니의 손맛이 그리울 때 이곳을 들러 보면 집 밥의 그리움을 달랠 수 있을 것이다.

며칠 전 임산부 후배를 만나 점심을 먹었다. 임산부 둘이 건강하지만 맛있는 곳을 찾다가 후배의 추천을 받아 건강한 김밥집이 있다고 해서 그곳으로 갔다.

제주시 하귀리에 위치한 '바니 롤'은 보는 것만으로 건강해지는 김밥집이다. 주인장 부부는 부산에서 제주로 여행 왔다 제주가 너무 좋아 정착했다. 그들은 보기에도 좋고 건강한 김밥을 만들겠다는 철학으로 바니 롤을 만들었다. 흑미 밥으로 밥의 색감을 더하고 비트로 물을 들인 절인 무로 단무지를 대신하는 등 김밥의 식재료 하나하나에 건강을 생각했다. 특히 이곳의 식재료는 각 지역에서 가장 맛있다는 원산지의 재료를 공수해 와서 그런지 김밥 자체가 신선한 느낌이다.

알록달록한 비주얼의 김밥을 먹고 있노라면 '임산부는 예쁜 것만 먹어야 한다.'는 걸 스스로 증명해 주는 거 같다. 제주에는 3대 김밥 집이라 하여 오는정 김밥, 엉클통 김밥, 다가미 김밥이 유명하다. 하지만 태교 여행이라면 건강한 김밥을 먹어야 하지 않을까. 태교 여행 중 이동하면서 가볍게 한 끼 식사를 해야 할 때 보기 좋고 건강한 바니롤을 먹어보는 건 어떨까?

임산부에게 가장 좋은 음식은 신선한 재철 재료로 집에서 만든 집밥 일 것이다. 여행을 하면서 집 밥을 먹을 수 없으니 외식을 하더라도 재료가 신선한 곳인지 선별하고 간다면 그나마 부담을 줄일 수 있을 것이다.

음식태교는 영양가 있는 음식을 먹음으로써 뱃속 아이가 자라는데 도움을 준다. 여기에 엄마가 맛있게 음식을 먹으면서 먹는 즐거움까지 더해 준다면 뱃속 아이는 엄마의 즐거운 기분까지 전달받게 된다.

한 끼 먹는 식사라고 대충 때운다고 생각하면 안 된다. 제대로 된

한 끼의 식사가 뱃속 아이에게는 자라는데 충분한 영양을, 엄마에게는 임신 기간 동안 면역력을 높이는데 도움이 된다. 내 아이가 먹는다고 생각하면 먹는 거 하나라도 소홀히 할 수 없다. 엄마의 기분전환을 위해 먹는 음식이라 할지라도 건강하고 신선한 재료로 만든 식당에서 먹자.

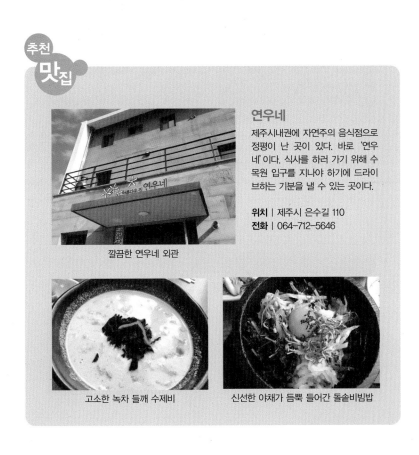

추천
맛집

연우네

제주시내권에 자연주의 음식점으로 정평이 난 곳이 있다. 바로 '연우네' 이다. 식사를 하러 가기 위해 수목원 입구를 지나야 하기에 드라이브하는 기분을 낼 수 있는 곳이다.

위치 | 제주시 은수길 110
전화 | 064-712-5646

깔끔한 연우네 외관

고소한 녹차 들깨 수제비

신선한 야채가 듬뿍 들어간 돌솥비빔밥

눈에 띄는 꽃밥의 간판

꽃밥

아름다운 자연 밥상 '꽃밥'이다. 엄마가 해 주신 집 밥이 그리울 때 한 번 씩 찾는 이곳은 10가지 넘는 반찬과 찌개가 한 상 가득 차려진다.

휴무 | 매주 화요일
위치 | 애월읍 일주서로 6059
전화 | 064-799-4939

화사한 꽃이 가득한 꽃밥의 정원

1만 2천원 짜리 풍성한 한정식

자연식 밥집다운 간판이 투박하다

선흘곶

거문오름으로 유명한 조천읍에 위치한다. 처음 이곳에 들어서면 신경을 안 쓴 듯한 외부와 투박한 내부에 조금 놀랄지도 모르겠다.

매일 | 10:30~19:00/화요일 휴무
위치 | 제주시 조천읍 동백로 102
전화 | 064-783-5753

상을 가득 채운 고급스러운 한정식

살코기와 비계의 비율이 좋은 돔배고기

주문 즉시 주인장 부부가 김밥을 말아 준다

바니롤

알록달록한 비주얼의 김밥을 먹고 있노라면 '임산부는 예쁜 것만 먹어야 한다.' 는 걸 스스로 증명해 주는 거 같다.

매일 | 10:00~19:00/월요일 휴무
위치 | 제주시 애월읍 하광로 37
전화 | 064-712-0011

아기자기한 토끼 모양의 소품이 눈에 띈다

색감이 화려한 바니롤 김밥

제주 사람들의 속살을
맛보는 토속음식

　　　서울에서 내려오는 지인들이 맛 집을 추천해 달라고 할 때 나에게 꼭 당부하는 것이 있다. 바로 현지인들이 먹는 음식을 먹고 싶다는 것이다. 내가 제주에 오래 산 현지인이니 내가 자주 먹는 음식, 그런 음식을 파는 곳을 소개 해달라는 부탁을 많이 듣는다. 제주에 자주 오는 사람들일수록 관광객들이 많이 가는 식당보다 현지인들이 많이 가서 먹는 식당을 추천받길 원한다.

　처음에 그런 말을 들으면 의아했지만 제주도민이 집에서 자주 먹던 음식이 그들에겐 새로운 음식 문화의 경험이 될 수 있다고 생각하니 이해가 되었다. 원래 여행이란 보는 즐거움도 있지만 그 속의 문화를 경험하고 알고 싶어 하는 거니까!

제주의 토속 음식은 특별한 동시에 단순하다. 특별한데 단순하다니 그게 무슨 뜻일까? 제주는 옛날부터 섬이라는 환경 탓에 같은 한반도 문화이지만 육지와는 다른 자연환경과 문화를 지녔다. 그런 이유로 육지와는 다른 조리법이 발달해 왔다. 예부터 제주의 어머니들은 물질이나 밭일을 하면서 가정을 챙겼다. 일하고 집에 돌아와 짧은 시간에 식사를 챙겨야 했기에 단순한 조리법이 발달했다. 친정어머니나 시어머니가 해 주시는 제주의 음식은 모두 간이 세지 않지만 맛이 있고 요리 시간도 짧다. 단순한 요리법에도 맛이 우러나오는 건 재료 자체가 신선하기 때문일 것이다.

몸국은 제주의 대표적인 토속 음식이다. 돼지 뼈를 장시간 우려낸 국물에 돼지의 살코기를 잘게 썰어 넣고 거기에 모자반(해조류의 하나 톳과에 속함)을 넣어 푹 끓여 낸 것이 바로 몸국이다. 몸국은 맛있는 제주 돼지고기에 모자반의 바다 향과 조화를 이루어 색다른 맛이 나는 음식이다. 보통 조금 걸쭉하게 끓여낸다. 추운 겨울의 문턱에 제주 사람들이 집에서 영양 보충식으로 많이 끓여 먹는 음식 중 하나이다.

처음 맛을 본다면 조금 생소할 수 있다. 먹다 보면 제주 몸국 맛에 놀라움을 금하지 못할 것이다. 모자반이 돼지고기의 느끼함을 잡아 주면서 돼지고기만으로 채워 줄 수 없는 영양을 보충해 준다. 나도 첫째 임신 기간에 이 몸국을 제주 직송 택배로 받아 많이 먹었다. 특별한 반찬

없이도 김치 하나만으로 배는 부르면서 영양을 채울 수 있었다.

임산부는 임신 중기로 갈수록 철분 부족으로 빈혈 증상을 일으키기 쉽다. 이때 철분 함량이 많은 해조류를 먹으면 빈혈을 완화할 수 있고 임신중독증을 예방할 수 있다. 철분이 풍부하게 들어있는 해조류 모자반에 단백질과 비타민B 군 함량이 높은 식품군인 돼지고기까지 더해진 몸국은 임산부에게 추천할 만하다.

임산부가 제주의 토종음식을 즐길 수 있는 방법이 바로 전복죽이다. 제주 관련 다큐멘터리를 보면 해녀가 깊은 바다에 들어가 큰 전복을 따는 모습이 어김없이 등장한다. 그 장면을 보는 사람이라면 제주에 가면 정말 해녀가 딴 큰 전복을 먹을 수 있을까 하는 환상이 생길 정도이다. 아쉽게도 요즘 해녀가 따는 자연산 전복은 정말 귀하다. 가끔 재래시장에 자연산 전복이 나오긴 하지만 보통 1kg에 15만원~20만원을 호가한다. 비싸지만 찾는 사람이 많아 나오면 바로 팔린다. 요즘 제주의 전복은 80%가 완도산 전복이거나 양식이다. 수온의 상승과 바다의 오염으로 자연산 전복이 잘 잡히지 않으니 어쩔 수 없는 현실이다.

내가 둘째 두리를 임신했다고 했을 때였다. 임산부는 잘 먹어야 한다며 친정아버지께서 해녀에게서 구하기 힘든 자연산 전복을 사 오셔서 나에게 전복죽을 끓여주셨다. 제주에서 전복은 모유에 좋다고 하여 출산한 산모가 먹는 산후 보양식으로 많이 알려져 있다.

전복은 특히 B1, B12함량이 많고, 칼슘인등의 미네랄이 풍부하다. 비타민 B 군과 칼슘은 임산부에게도 꼭 필요한 영양군이다. 전복이 임산부에게 좋은 건 말해서 입이 아플 정도이다.

임신을 하면 특히 소화력이 약해지기 때문에 여행 중 소화가 안 될 때 전복죽을 먹는 것도 하나의 방법이다. 일반 토속 음식점에서 파는 전복죽 보다 이왕이면 '· · · 해녀의 집'에서 파는 전복죽이 그나마 믿을 만 하니 참고하자.

생선구이와 생선조림 정식 또한 제주 사람들이 집에서 많이 먹는 음식 중 하나이다. 갈치구이/조림, 고등어구이/조림, 옥돔구이가 대표적으로 많이 먹는 구이와 조림이다. 생선조림과 구이 하나와 간단한 밑반찬 몇 가지만 있으며 훌륭한 한 끼 식사가 완성된다.

특히 옥돔구이에 쓰이는 옥돔은 '당일바리' 가 맛이 가장 좋다. 당일바리란 당일에 잡아 올린 싱싱한 옥돔을 손질 후 그대로 건조한 것으로 살이 기름지며 비리지가 않다. 제철을 맞은 갈치구이와 조림은 살이 통통하게 올라 맛이 좋다. 최근에는 대형 갈치 구이집이 생겨 유명세를 치르고 있지만 원산지를 잘 확인해서 먹어야 한다.

머리를 좋게 한다는 DHA 가 풍부한 고등어는 오메가3 계열의 몸에 좋은 지방이 다량 함유되어 있다. 어디 그뿐인가? EPA 가 많이 들어 있어 콜레스테롤 수치를 조절하여 혈액순환을 개선하는 효과까지 있다. 임신 기간 등 푸른 생선을 많이 먹으라고 하는 것도 바로 이 때문이다. 제주의 고등어는 제철에 먹으면 살이 기름지고 씹는 맛이 탱탱하다. 싱싱한 고등어에 무와 야채를 넣어 만든 고등어조림도 밥 한 그릇 뚝딱 비우게 할 만큼 밥 도둑이다.

제주에 태교 여행을 온다면 한 번쯤은 제주 사람들이 집에서 먹는 제주 토속 음식을 먹어보자. 싱싱한 재료에 영양가도 풍부한 제주 토속 음식! 새로운 맛의 경험을 할 수 있고 제주의 음식 문화를 제대로 즐길 수 있을 것이다. 제주의 토속 음식을 먹으면서 제대로 음식태교를 하며 힐링 해 보자.

추천 맛집

몸국

우진 해장국
몸국과 제주 고사리 해장국으로 유명하다. 수요 미식회 출현으로 더 유명해졌다. 공항과 가까우니 공항 가기 전 들리면 좋을 듯하다.

매일 | 06:00~22:00 명절휴무
위치 | 제주시 서사로 11
전화 | 064-757-3393

모자반이 식감을 더 해 준다

김희선 몸국
내부 의자가 불편한 게 단점이긴 하나 몸국으로 유명하다. 공항 근처 위치.

매일 | 07:30~17:00,토요일 07:30~15:00 **위치** | 제주시 흥운길 73 **전화** | 064-745-0047

전복죽

영양도 풍부하고 소화도 잘 되는 전복죽

곽지해녀의집

날이 좋은 날. 곽지 바다를 보며 야외 테이블에서 먹을 수 있다. 싱싱한 해산물도 판매하고 있다.

매일 | 8:00~21:00
위치 | 제주시 애월읍 곽지 11길 27
전화 | 064-799-1472

오조 해녀의 집

해녀의 집중 가장 유명한 곳. 전복의 양이 많은 편이다.

매일 | 06:00~21:00
위치 | 서귀포시 성산읍 한도로 141-13
전화 | 064-784-0893

기본적인 반찬과 오조 해녀의 집 전복죽

토속 음식

제주식 정식에 나오는 옥돔구이

수희 식당

25년 전통의 제주 토속 음식점. 제주 식재료의 맛을 살려 제주의 맛을 그대로 느낄 수 있다. 갈치조림/구이, 고등어조림/구이 웬만한 토속 음식이 평균 이상이다.

매일 | 8:00~21:00
매일 | 15:30~17:00 브레이크타임
위치 | 서귀포시 정방동444
전화 | 064-762-0777

네거리 식당

갈치국으로 가장 유명한 식당이지만 갈치조림과 구이 다 맛있다. 정갈하게 나오는 반찬도 만족할 만하다.

매일 | 평일 07:00~22:00/마지막 주문 21시 　**위치** | 서귀포시 서문로 29번길 20
전화 | 064-762-5513

제철에 먹는 고등어 구이   갈치 조림 양념에 밥을 비벼 먹으면 좋다

동귀포구식당

조림 전문점. 장어조림, 갈치조림, 고등어조림 다 추천할 만하다.

매일 | 08:00~21:00
위치 | 제주시 애월읍 하귀14길 4
전화 | 064-713-3829

04
—

제주 사람들의 속살을
맛보는 토속음식

"언니! 고기국수 왜 이렇게 맛있어?"

"그치? 맛있지?"

"응~전혀 느끼하지 않고 특히 국물이 맛있더라고!"

제주로 태교여행을 온 지인에게 고기국수 집을 추천해 줬다. 제주에 몇 번 왔지만 고기 국수는 처음 먹어봤다는 그 지인은 고기 국수의 매력에 푹 빠진 듯했다. 처음 고기 국수를 접한 사람들은 혹시 느끼하지 않을까 걱정을 하지만 한번 맛을 보고 나면 괜한 걱정임을 느낄 만큼 그 맛이 담백한 음식이다.

제주 사람들에겐 흔한 음식이지만 오랫동안 안 먹고 있으면 생각나고 가끔 친구를 만나 가볍게 점심으로 즐기는 음식이 바로 제주의 국수이다.

내가 어릴 적에는 제주의 농촌 마을에서 누군가 결혼을 하면 온 동네 사람들이 모여 잔치를 열었다. 잔치는 제주의 결혼 문화 중 하나로 3일 정도 음식을 차려 마을 사람들에게 대접을 했다. 이 잔치에서 꼭 빠지지 않는 게 있었다. 바로 '돼지잡기'였다. 마을의 청년들이 돼지 한 마리를 선정하여 몰고 다니면서 돼지를 잡았다. 그 돼지를 잘라 큰 솥에 넣고 익혀 수육으로 손님에게 대접했다. 돼지고기를 수육으로 끓여 내는 동안 청년들은 남은 돼지를 바비큐로 만들어 먹으며 잔치를 즐겼다.

보통 잔칫집에서는 멸치국수를 대접했다. 가끔 별미로 돼지 뼈를 오랜 시간 푹 고아낸 국물에 국수를 말아 수육을 몇 점 얹어 고기 국수를 내어 주기도 했다. 뽀얗고 따뜻한 국물을 호호 불면서 먹으면 어렸던 나도 고기 국수가 그렇게 맛있을 수가 없었다.

지금은 관광객들이 많이 찾는 음식 중의 하나가 되었지만 고기 국수는 제주의 잔치 때 별미로 먹었던 음식이다. 고기 국수의 면은 보통 중면을 사용한다. 고기 국수를 다 먹을 때 까지 면이 불지 않도록 한 제주 사람들의 세심한 지혜가 담겨 있다.

고기국수의 맛을 잘 모르는 사람들은 단순히 제주 고기국수를 일본의 돈코츠 라멘과 비슷한 것으로 생각을 한다. 고기국수의 맛은 돈코

츠 라멘보다 훨씬 담백하고 느끼하지 않다. 그 양도 푸짐하여 이것을 어떻게 다 먹나 생각하지만 어느새 한 그릇을 다 비울 만큼 중독성이 있다.

며칠 전 밖에서 볼일을 보고 혼자 점심을 해결해야 됐다. 임산부 혼자 어디 갈까 고민하다가 동네에서 꽤 유명한 고기국수 집에 들어갔다. 마침 사람들이 붐비는 시간이 아니라서 기다리지 않고 들어가서 자리를 잡았다. 여기저기 고기국수를 먹는 손님들이 눈에 띄었다. 메뉴를 보니 상큼한 비빔국수도 먹고 싶었지만 고기국수를 시켰다. 임신후기로 접어들면서 배가 커져 그런지 소화가 잘 안 되고 있었다. 고기국수 양이 많으니 반만 먹자는 생각에 호로록 한번 젓가락질을 하는 순간 '왜 이렇게 맛있어' 라는 생각이 스쳤다. 오랜만에 먹는 고기국수라 더 맛있게 느껴졌는지 모른다. 그렇게 혼자 몇 번을 감탄하며 먹다보니 어느새 한 그릇을 다 비워버렸다.

소소한 나의 일상에 고기국수 한 그릇으로 행복해지는 기분이 들었다. 배는 불렀지만 엄마가 행복하게 먹었으니 내 뱃속 아이도 행복할 것이라고 생각하니 더없이 기분이 좋아졌다.

제주 국수의 또 다른 매력의 국수는 바로 '메밀국수' 이다. 메밀국수 또한 제주 사람들이 많이 해 먹던 국수 중 하나이다. 예부터 땅이 척박하여 쌀농사를 지을 수 없었던 제주는 밭농사를 많이 했다. 척박한

중독성 강한 제주의 고기 국수

땅에서 잘 자라는 메밀은 제주 사람들의 사랑을 받으며 오랫동안 해 오고 있다. 메밀 농사의 유래는 항몽 전쟁 당시로 거슬러 올라간다. 몽고 사람들이 삼별초 군을 도와줬던 제주 사람들에게 메밀 씨앗을 퍼트렸다. 거칠고 텁텁한 메밀을 먹여 제주 사람들을 골탕 먹이려고 했던 것이다. 제주 사람들은 메밀가루로 전병을 만들어 그 속에 삶은 무나물을 넣어 빙떡을 만들어 먹었다. 찬성질의 메밀을 국수로 만들어 꿩고기로 육수를 내고 꿩메밀칼국수를 만들어 먹기도 했다. 몽고 인들의 잔꾀에 지혜로서 대응한 대목이 아닐 수 없다.

가을에 수확을 하는 메밀과 찬바람이 불기 시작할 때 가장 맛있다는 꿩고기의 조화는 찬 성질과 따뜻한 성질의 보완이 잘된 음식이다. 메밀 수확 시기와 꿩고기의 맛을 고려해도 시기적으로 맞는 식재료였던 것이다.

생각해 보면 어릴 적 눈이 오는 추운 겨울에 어머니는 아버지가 사냥으로 잡아오신 꿩을 삶아 고기는 꿩백숙으로 내어 주셨다. 꿩 백숙을 먹는 동안 꿩을 삶던 국물에 손으로 빚은 메밀칼국수를 끓여 주시곤 했다.

투박하게 썰어 낸 메밀칼국수와 꿩 달인 국물에 무를 함께 넣고 고명으로 파와 김을 뿌려 주셨다. 그 맛이 어찌나 담백한지 아직도 눈이 오는 겨울이면 생각이 난다. 지금은 꿩고기가 워낙 귀하고 사냥 허가 지역이 아니면 사냥을 할 수 없는 까닭에 집에서 꿩메밀칼국수를 잘

해 먹지 않는다. 그렇게 귀한 음식이어서 일까? 아직도 어릴 때 어머니가 해 주시던 꿩메밀칼국수가 그립다.

첫째 우주를 임신하고 제주에 왔을 때 나는 느닷없이 꿩메밀칼국수가 먹고 싶었다. 임신을 하고 나는 유독 어릴 적 어머니가 해 주신 던 음식이 생각났다. 귀하디 귀한 꿩고기를 구하기 어려우니 어머니에게 부탁할 수도 없는 노릇 이었다. 어느 날, 길을 가다가 동네에 꿩메밀칼국수를 한다는 식당을 발견하고 들어갔다. 기대를 하고 주문을 했지만 꿩고기가 없어 멸치로 육수를 냈다고 했다. 아쉬운 대로 메밀칼국수를 먹었지만 어머니가 해 주던 그 맛이 나지 않았다.

생각해 보니 제주에 그 귀한 꿩메밀칼국수를 파는 곳이 있었다. 바로 제주시 동문시장 안에 있는 40년 전통의 '골목식당' 이었다. 이곳의 꿩메밀칼국수는 그 맛이 담백하고 투박하여 어릴 때 먹던 그 맛이 난다. 예부터 메밀은 아이를 낳은 후 산후 보양식으로 많이 먹었다. 그만큼 영양가도 많고 소화가 잘 안되어 변비에 걸리기 쉬운 임산부에게도 더없이 좋은 음식이다. 거기에 고단백질인 꿩고기까지 더해지니 임산부에겐 특별 보양식이다.

제주에 태교 여행으로 온다면, 꿩메밀칼국수를 한번 먹어보자. 투박한 제주의 맛을 느낄 수 있을 것이다.

간단하게 한 끼 먹고 싶을 때 국수만한 게 없다. 한 끼라도 영양을 챙겨야 하는 임산부는 면 요리가 부담이 되기도 한다. 이럴 때 국수 한 그 릇으로 영양까지 채워주는 면 요리가 있다. 바로 토종닭칼국수이다.

제주의 숲은 보통 교래리 부근에 몰려 있다. 숲을 다녀오는 길에 항 상 근처에 맛 집이 없는 게 아쉬웠다. 남편과 둘이 갈 때는 토종닭 한 마리를 시키기에는 부담스럽고 가볍게 점심을 해결하고 싶을 때 찾던 곳이 바로 교래 손칼국수 집의 '토종닭 칼국수' 이다.

교래리는 토종닭 특구로 유명한 동네이다. 토종닭으로 유명한 동네 이다 보니 토종닭으로 만든 칼국수도 그 맛이 일품이다.

토종닭 칼국수는 토종닭으로 끓여 낸 진한 국물에 제주 서광 녹차 를 넣어 직접 빚어낸 쫄깃한 면발, 호박, 당근, 파등의 야채와 어우러 져 맛도 좋으면서 영양까지 손색이 없는 음식이다.

제주 사람들에게 국수는 옛날 척박했던 제주의 삶에서 찾아낸 이웃 과의 교감이자 베풂 이었고 고된 삶을 이겨내는 지혜였다. 먹을 것이 많아진 요즘이야 옛 생각이 날 때 별미로 한번 씩 먹는 음식이 되었지 만 제주 국수야 말로 제주인의 삶을 대변하는 음식이 아닐까 하는 생 각이 든다.

여행을 하면서 색다른 별미를 먹고 싶을 때 밥만 먹기 지겨울 때 제 주 국수를 먹어보자. 진한 국물에 영양까지 잡으며 제주의 넉넉한 인 심이 더해져 그 맛이 더 풍부하게 다가올 것이다.

제주의 투박한 맛이 나는 꿩메밀칼국수

골목식당

원조 격의 꿩메밀칼국수 파는 식당. 식당 자리가 협소한 편이다.

매일 | 07:00~20:00
위치 | 제주시 중앙로 63-9
전화 | 064-757-4890

비자림 꿩메밀손칼국수

꿩과 메밀이 어우러전 낸 국물이 충분히 만족스럽다.

매일 | 11:00~21:00
위치 | 제주시 정든로3길 28
전화 | 064-783-3888

자매국수

매일 | 08:00~21:00 **위치** | 제주시 삼성로 67 **전화** | 064-727-1112

국수 거리에 위치 한다

쫄깃한 치자면이 일품인 자매국수

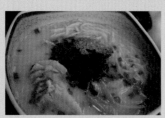

돼지뼈로 푸욱 우려 담백하고 깔끔하다

국수만찬

국수만찬의 고기국수는 가격도 저렴하고 양이 많은게 특징이다.

매일 | 11:30~22:00(화 : ~14:30/수 휴무)
위치 | 제주시 은남3길 1
전화 | 064-757-4890

교래 손 칼국수

녹차 반죽으로 잘 만들어낸 손칼국수가 면의 식감이 싱싱함과 정성이 느껴지는 손칼국수였다.

매일 | 11:00~18:30
위치 | 제주시 조천읍 비자림로 645
전화 | 064-782-9870

교래 손 칼국수 외관

야채가 어우러진 토종닭 칼국수

녹차로 빚어낸 면발

05

제주 대세
베이커리와 커피숍

최근 몇 년 사이 제주여행의 트렌드가 많이 바뀌었다. 많은 여행객들이 관광지 위주의 보는 관광에서 맛 집 투어, 분위기 있는 카페를 가는 것에도 큰 의미를 부여 한다. 이미 SNS 상에는 제주의 핫 플레이스로 이색적이거나 분위기 좋은 카페가 많이 올라오고 있다. 젊은 층의 제주여행은 그만큼 관광지에 국한된 여행이 아닌 차 한 잔을 마셔도 멋있게 마시는 문화로 점점 바뀌어 가고 있다.

제주 살이가 유행하면서 실력 있는 파티쉐나 바리스타들이 제주로 내려와 맛있는 베이커리를 내거나 카페를 차렸다. 제주의 카페는 전국 어디에 내놔도 손색이 없을 만큼 개성 있고 분위기 좋은 곳들이 많다. 제주의 아름다운 풍경까지 더해지니 그 효과는 두 배가 되었다.

태교여행 역시 무리가 되지 않게 일정 중간에 휴식을 취해야 하기에 베이커리와 커피숍을 일정에 넣는 것은 당연한지 모른다. 나 또한 임신 기간에 제주 이곳저곳을 돌아다니며 일상 태교 여행을 했지만 가끔 분위기 좋은 카페에 들려 책 한 권을 읽거나 휴식을 취하는 것만으로도 큰 힐링과 휴식이 되었다.

결혼 전 파리를 여행할 때의 일이다. 파리의 맛있는 빵에 매료되어 삼시 세 끼 빵을 먹어도 질리지가 않았다. 특히 갓 구운 크루아상을 먹고 '세상에 이렇게 맛있는 빵이 다 있나' 했을 정도였다. 그때 먹었던 크루아상은 에펠탑에서의 추억보다 더 강한 인상을 남겼다. 실제로 파리 여행의 묘미 중 하나가 바로 맛있는 베이커리를 먹는 것이다. 마치 파리에 온 것처럼 제주에서도 맛있고 아름다운 빵들을 맛볼 수 있다. 요즘 트렌드에 맞게 빵집에서 커피와 차를 같이 팔기 때문에 여행 중간에 들려 간단한 디저트로 즐길 수도 있다.

사실 임산부가 밀가루를 많이 먹는 것은 좋지 않다. 밀가루 음식을 많이 먹으면 소화가 잘 되지 않기 때문에 변비에 걸리기에도 쉽다. 지나친 밀가루 음식 섭취는 임산부 체중조절에도 좋지 않은 영향을 끼치기도 한다. 음식 태교를 하는 입장에서 보면 가장 좋은 것은 빵 자체를 먹지 않는 것이다. 빵 대신 쌀이나 곡물로 만든 떡을 먹는 것이다.

그럼 빵을 좋아하는데 무조건 참으라는 걸까? 나는 태교의 기본은 엄마의 행복에 있다고 본다. 나도 첫째 때에는 빵 자체를 거의 먹지 않았다. 빵이 너무 먹고 싶으면 통밀 빵을 가끔 먹었다. 임신 전 일명 빵순이였던 나는 먹고 싶은 걸 참는 자체가 큰 스트레스였다.

둘째를 임신한 지금은 먹고 싶은 빵을 무조건 참지는 않는다. 그렇다고 임신 전처럼 무분별하게 먹지도 않는다. 내가 생각해 낸 대안은 바로 유기농 재료를 쓰거나 곡물로 만든 건강한 빵을 먹거나 쌀로 만든 빵을 먹는 것이었다. 건강한 빵들을 가끔 먹으니 오히려 스트레스가 없었다. 선별적으로 건강한 빵을 한번 씩 먹어서 엄마가 스트레스를 받지 않는다면 한번 씩 먹는 것은 나쁘지 않다고 생각한다. 특히 태교여행은 임산부 기분전환이 가장 중요한 목적이기 때문에 디저트로 조금씩 먹는 빵은 괜찮다고 생각한다. 단 뱃속 아이를 위해 유기농 재료로 만든 빵이나 곡물로 만든 빵, 쌀빵이 더 좋다는 걸 기억하자.

제주에는 유명한 베이커리가 많지만 서울의 유명한 빵집과 비교하면 가격이 저렴한 편이다. 그 수많은 베이커리 중에서 나는 추천할 만한 베이커리로 아라파파를 꼽는다. 프랑스어로 '천천히'라는 뜻을 가진 아라파파(a la papa)는 맛있는 빵과 차 한 잔의 여유를 누릴 수 있는 곳이다. 아라파파의 빵은 화려해서 일단 눈이 즐겁다.

건강하게 보이는 브로콜리 베이글, 눈이 덮인 하얀 한라산을 생각나게 하는 몽블랑, 올리브 치아바타 등 건강한 빵들과 새로운 빵들이 많다. 임신 기간 뱃속 아이를 생각해서 건강한 빵을 먹어야겠다고 생각하여 나는 어김없이 이곳에 들려 곡물로 만든 빵을 먹었다. 빵과 차 한 잔을 마시면서 여유를 느끼면 갑자기 우울해졌던 마음도 풀렸다.

특히 이곳의 우유와 생크림, 홍차를 함께 졸인 잼인 홍차밀크잼이 유명한데, 선물용으로 많이 팔리니 참고하면 좋다.

서귀포권에도 추천할 만한 빵집이 많다. 그중에서 단연 내 입맛을 사로잡는 빵집은 '채점석 베이커리' 이다. 이곳은 천연 발효종으로 직접 반죽해서 유기농 재료로 빵을 만드는 곳이다. 그래서 보존료와 방부제도 들어 있지 않다. 지인이 몇 년간 영국에서 유학을 하고 부모님이 계신 서귀포에 머무른 적이 있다. 영국에 오래 산 탓에 지인 아들은 빵이 주식이었다. 다른 빵집은 다 아토피 증상을 보였는데 채점석 베이커리 빵만 아토피 증상을 보이지 않았다. 그만큼 재료에 있어서 고객의 건강까지 생각하는 곳이기도 하다. 호텔 출신 파티시에 채점석 대표는 제빵 기술 장인인 만큼 빵 하나를 만들어도 제대로 만드는 느낌이 든다.

기본적인 빵부터 천연발효빵까지 맛이 없는 것이 하나도 없을 만큼이다. 모든 빵이 잘 팔리지만 특히 팡도르가 유명하다. 팡도르는 이태리 왕가에서 먹던 빵이지만 채점석베이커리에서 제주도 스타일로 승화시켜 만들어낸 빵이다.

그 인기를 반영하듯 채점석 베이커리는 분점도 본점과 가까운 신서귀포 시내에 냈는데 이곳은 카페의 느낌을 더 살렸다.

제주는 요즘 그야말로 카페 공화국이다. 바다가 보이는 곳이면 어김없이 카페가 즐비하다. 경관이 아름다운 카페에서 마시는 차 한 잔은 그 어느 관광지 못지않게 여행의 묘미를 준다. 굳이 바다가 보이지 않더라도 제주의 중산간이나 유명 관광지 근처의 카페 또한 자신들의 색깔을 드러내며 여행객들을 맞이하고 있다.

태교여행은 일반 여행과는 달리 임산부의 체력에 맞춰 무리하지 않는 것이 좋다. 그만큼 적절하게 휴식을 취해야 한다. 휴식을 취하기에 좋은 장소가 커피향이 나는 카페가 아닐까? 임신 기간만큼은 커피를 피해야 좋다. 커피 공화국이라고 할 만큼 주변에 커피숍도 많고 마시는 사람도 많아 임산부에게 커피를 끊는 것은 여간 힘든 일이 아니다. 평소에 하루 두잔 정도의 커피를 마셨던 내 지인은 임신을 하고 커피를 끊으려고 하니 스트레스가 보통이 아니라고 했다. 산부인과 의사에게 물어 봤더니 하루 한잔 정도는 괜찮다고 했다고 한다. 엄마가 커피를 못 마셔 받는 스트레스 보다 하루 한잔 정도 먹는 커피가 차라리 낫다는 것이다.

나도 첫째 임신을 준비하면서 커피를 끊었다. 연이은 임신으로 거의 3년째 커피를 못 마시고 있다. 커피 애호가인 내게도 3년이 넘어가니 위기가 왔다. 육아로 스트레스를 받을 때면 어김없이 달달한 카페라테가 마시고 싶었다. 요즘에는 유명 커피숍 프랜차이즈에서 디카페인 커피가 판매되어 스트레스가 폭발할 때 임신 중기에 몇 번 마셨다. 그것도 나만의 원칙이 있었는데 일주일에 두 번 이상 마시지 않는 것이었다. 8개월 이후에는 뱃속 아이에게 영향을 미칠까 봐 디 카페인 커피마저 끊었다.

최근 한국소비자원에서 커피전문점의 카페인 함량 조사 결과(2018.2월)를 발표했다. 다행이 S 커피전문점과 B 커피 전문점의 디카페인 커피에서는 카페인이 검출이 안됐다. 만약 커피 끊기가 힘들어 커피를 마시는 임산부가 있다면 아이가 만들어지는 임신 초기와 이미 신생아의 모습을 갖추고 있는 임신 후기에는 피했으면 한다. 그것도 너무 스트레스를 받는다면 디카페인 커피로 대체하자. 뱃속 내 아이를 위해서.

제주의 분위기 좋은 카페에서 군이 커피를 마시지 않더라도 커피향을 맡으며 차 한 잔이나 생과일주스 한 잔을 해도 충분히 좋다. 사람이 많은 곳을 피해 조금 널찍한 카페를 골라 푹신한 소파에 앉아 휴식을 취한다면 그만한 힐링도 없다.

시간의 여유가 된다면, 가벼운 책 한권을 들고 가서 책도 읽고 작은소리로 뱃속 아이에게 낭송해 주면 제주의 카페에서도 태교를 즐길 수 있다. 일단 엄마의 마음이 편안해 지니 좋고 그 기분이 뱃속 아이에게 전달되어 이것이야말로 엄마와 뱃속 아이 모두가 행복한 태교이다.

　시끌벅적한 서울의 카페에서 벗어나 한적한 제주의 카페에 들러보
자. 꼭 유명한 카페가 아니어도 괜찮다. 바다가 보이면서도 한적한 카
페는 많이 있다. 여행 중간에 베이커리 카페에 들려 간단한 디저트와
차 한 잔으로 여유를 찾아도 좋고 여행 코스에 바다가 보이는 한적한
카페를 가 보아도 괜찮다. 제주에서의 베이커리와 카페는 그 자체가
휴식이고 힐링이기 때문이다.

추천 맛집

심플한 아라파파의 외관

다양한 종류의 빵이 전시되어 있다

아라파파
제주공항에서 10분 거리 위치하여 접근성이
편리하고, 수제 홍차밀크잼이 유명한 베이커
리 카페이다.

매일 | 08:00~22:00, 연중무휴
위치 | 제주시 국기로3길 2
전화 | 064-725-8204

눈이 즐거운 디저트

채점석 베이커리

제과기능장까지 취득한 대표가 유기농 밀가루로 만드는 채점석베이커리는 팡도르가 제일 유명하다.

매일 | 08:00~22:00(화요일 휴무)
위치 | 서귀포시 서호남길32번길 29
전화 | 064-739-0033

채점석 대표의 얼굴이 들어간 외관

천연발효종의 건강한 빵

가장 유명한 팡도르

야자나무로 조경을 한 델문도 외관

함덕 바다가 보이는 야외 테라스

델문도

카페 바로 앞에 함덕 바다가 펼쳐져 힐링이 된다. 베이커리도 함께 하고 있어 차와 베이커리를 모두 즐길 수 있다.

매일 | 07:00~24:00(라스트오더 23:30)
위치 | 제주시 조천읍 조암해안로 519-10
전화 | 064-702-0007

신선한 베이커리를 맛 볼 수 있다

프롬더럭

하가리 더럭 초등학교 인근에 위치한다. 더럭 초등학교의 컬러를 재현한 곳. 여름 하가리 연화못을 구경하기에 좋다.

매일 | 10:00~19:00
위치 | 제주시 애월읍 하가리 180
전화 | 064-799-0199

화려한 색상의 프롬더럭 외관

제주 돌창고를 개조하여 만든 내부

연잎가루로 만든 연잎라떼

서현의 집 외관

서연의 집

영화 건축학 개론의 촬영지. 통 유리창 너머로 보이는 위미 바다가 인상적이다.

매일 | 09:00~21:00
위치 | 서귀포시 남원읍 위미해안로 86
전화 | 064-764-7894

카페 실내

제주테라로사

감귤밭으로 둘러쌓여 있는 까페. 푹신한 쇼
파에 자리를 잡으면 차와 디저트 휴식까지
취할 수 있다.

매일 | 09:00~21:00
위치 | 서귀포시 칠십리로 658번길 27-16

까페 외관

제주 돌담으로 꾸며진 내부

전문적인 바리스타들이 커피를 만들고 있다

널찍한 창 너머로 우거진 숲이 보인다

유기농
상하우유로 만든
아이스크림

벤디

숲에 둘러쌓인 카페. 푹신한 쇼파가 많아 휴
식을 취하기 좋다. 야간에 가면 LED 야경을
구경할 수 있다. 상하목장 유기농 아이스크
림이 특히 맛있다.

매일 | 09:00~24:00
위치 | 제주시 은수길 65
전화 | 064-746-1541

간단한 베이커리와 디저트

까페에서 즐기는 일몰

몽상드애월

한담에 위치한 지드레곤의 까페. 일몰 풍경으로 유명하다. 사람이 붐비는 편이니 오전 10시전에 가야 온전히 즐길 수 있다.

매일 | 09:00~20:00(L.O:19:00)
위치 | 제주시 애월읍 애월북서길56-1
전화 | 064-799-8900

몽상드애월의 외관

몽상드애월의 브런치 메뉴

까페 내부는 예쁜 뷰에 큰 창이 돋보였다

까페1층

창가에 앉으면 협재바다에 떠 있는 느낌

쉼표

협재 해수욕장에 자리 잡은 까페. 협재 해변이 한눈에 들어온다. 무한도전 이효리편이 촬영되었다.

매일 | 09:30~21:00(7, 8월 ~22:30)
위치 | 제주시 한림읍 한림로 359
전화 | 064-796-7790

06

알수록 맛있는
주전부리

　　나에게 제주의 주전부리는 제주에서의 모든 기억이다. 지금은 관광객들 사이에서 인기 몰이를 하고 있는 제주의 주전부리는 어린 시절부터 나의 일상에 늘 함께한 간식 거리였다. 제주의 주전부리는 엄마와 함께 가던 올레시장 추억이고, 내가 학창시절에 친구들과 먹던 먹을거리였고, 혼자 올레 길을 걸으며 먹었던 간식이며, 남편과의 연애시절 함께 먹었던 달콤함이었다.

　어린 시절, 엄마의 손을 잡고 올레 시장을 돌며 장을 볼 때면 어린 우리들의 눈과 코를 자극하는 음식이 있었다. 바로 마늘 통닭이다. 엄마가 주문을 하면 그 자리에서 닭 한 마리를 큰칼로 도막을 내어 튀김옷을 발라 마늘, 감자와 함께 즉석에서 튀겨주는 통닭은 어린 내가 엄마를 따라 시장에 가는 이유이기도 했다. 가게 아주머니는 항상 하얀 종이에 싸서 검은색 비닐봉지에 넣어서 건네주었다. 그 냄새가 너무 고소해 집에 가는 시간을 참지 못하고 항상 그 자리에서 서너 개는 집어 먹었다.

시간이 흐르고 흘러 어릴 적부터 먹던 마늘 통닭은 백종원의 삼대천왕에 나오면서 유명해 졌다. 지금은 줄을 서서 대기를 해야 될 만큼 인기가 많다. 서귀포에 갈 때마다 한 번씩 먹는 간식거리인데 옛 추억속의 정겨운 풍경은 아니지만 여전히 맛은 있다.

두리를 임신하고 입덧 기간에 한동안 마늘 통닭이 당겨서 서귀포에 들릴 때마다 일부러 올레 시장에 들러 마늘 통닭을 사다 먹었다. 갓 튀겨진 마늘 통닭의 유혹을 못 이기고 그 자리에서 호호 불며 또 서너 개의 통닭을 집어 먹었는데 그때 먹는 통닭은 여전히 꿀맛이었다.

서귀포 올레시장에 마늘통닭만큼 유명한 것이 바로 꽁치 김밥이다. 꽁치김밥 또한 마늘통닭과 양대 산맥을 잇는 올레시장의 명물이다. 꽁치 김밥은 제주에서만 맛 볼 수 있고 서귀포 올레시장 내 우정 회 센터에서 판다. 예전에는 회를 시키면 서비스로 주는 메뉴였지만, 그 인기가 많아지면서 꽁치김밥만 따로 판매를 하고 있다.

DHA 함량이 많은 등 푸른 생선 꽁치와 김, 밥 만으로만 구성되어 있지만 그 맛은 독특하고 담백하다. DHA 함량이 많으므로 임산부에 게 더없이 좋은 간식거리이다. 사람에 따라 자잘한 가시와 꽁치가 비릿하다는 평이 있어 비위가 약하다면 신중하게 생각해야 한다.

꽁치김밥은 무조건 포장이기 때문에 포장을 해서 올레시장 중간에 놓여 있는 벤치에 앉아 꽁치 김밥을 먹는 사람들을 볼 수 있다. 서귀포 올레시장을 들릴 계획이라면 독특한 꽁치김밥을 한번 맛보는 것도 색다른 경험이 될 것이다.

제주사람들이 예부터 먹던 오메기 떡도 제주에서만 맛볼 수 있는 맛있는 주전부리중 하나이다. 옛날부터 제주는 땅이 척박하여 논농사보다 밭농사를 많이 지었다. 그래서 쌀을 이용한 떡보다 잡곡을 이용한 떡 문화가 발달했다. 오메기는 차조를 뜻하는 제주어다. 차조와 찹쌀을 섞어 반죽을 한 후,팥소를 넣어 만든 것이 오메기떡이다. 어릴 때 외할머니 댁에 가면 이 오메기떡을 만들어 주셨는데 어릴 때 먹던 오메기떡은 어린 내가 먹기에는 투박한 맛이었다. 어른이 되어 먹는 오메기떡은 현대식으로 진화하여 간식으로 먹기에 부담도 없고 참 맛있다. 칼슘과 식이섬유가 많고 소화가 잘 되는 차조로 만들어 임산부에게 더없이 좋은 간식이다.

둘째 두리를 임신하고 초기에 먹덧 때문에 시도 때도 없이 배가 고파왔다. 그때마다 식사 사이사이에 간식을 먹었는데 빵은 소화가 안되어 항상 부담이 되었다. 이때 간식거리로 생각해 낸 것이 오메기 떡이었다. 금방 만든 오메기떡은 냉동 한 후에 상온에서 녹여 먹으면 그 맛이 처음과 같다. 나는 몇 개씩 사다 놓고 냉동실에 넣었다가 녹여서 간식으로 자주 먹었다. 소화가 잘되고 하나만 먹어도 포만감이 있어 임산부가 먹기에 좋은 간식이다. 서귀포 올레 시장의 제일떡집, 동문 시장의 진아 떡집을 비롯해 오메기떡 전문점이 많이 생겨 쉽게 찾아 먹을 수 있다. 태교 여행을 하다 중간에 간식거리로 사 놓고 먹으면 잠깐의 허기를 채우기에 이만한 것도 없다.

제주의 전통적인 주전부리 중 하나가 바로 빙떡이다. 이름도 생소한 빙떡은 제주에서 잔치나 제사 때 먹는 음식이었다. 메밀의 거침과 소로 넣은 무의 조합은 참 특이하다. 어릴 때는 이 빙떡의 참 맛을 몰랐다. 어른이 되어 보니 가끔 제사 때 먹던 빙떡이 떠오른다.

메밀은 삼별초 항쟁 때 몽고인들에 의해 제주에서 농사를 짓기 시작했다. 메밀 자체가 텁텁하여 소화가 안 되니 제주 사람들은 지혜를 발휘하여 무로 소를 만들어 떡을 만들어 먹었다. 그렇게 해서 빙떡이 탄생했다. 또한 척박한 토지환경에서도 잘 자라는 메밀은 제주에서도 강원도 못지않은 생산량을 자랑한다. 요즘에는 워낙 맛있는 게 많아 제주 가정에서 빙떡을 잘 만들어 먹지 않지만 내가 어릴 때는 간식으로 많이 먹었던 음식이다.

지금은 소수 메밀음식 전문점이나 동문시장에 가면 빙떡을 먹을 수 있다.맛이 담백하고 고소하여 달콤한 빵에 길들려진 입맛이라면 '맛있다' 라고는 쉽게 나올 것 같진 않다.

그래도 건강해 지는 느낌이랄까. 제주의 전통적인 먹거리라는 점에서는 단연 1등이다. 임산부라 간식 하나를 먹어도 건강을 생각한다면 빙떡을 추천한다.

제주의 전통 주전부리 중에 여기 보리빵이 있다. 어릴 적 할머니가 주시는 보리빵을 먹으면서 이렇게 심심한 걸 왜 먹나 생각했었다. 쌀이 귀한 제주에서 보리로 간식으로 만들어 먹던 것이 바로 보리빵이다. 요즘은 맛있는 빵집들이 많이 생겨 옛날만큼 보리빵을 즐겨 먹지는 않는다. 그래도 옛날 맛 그대로 명성을 이어 오는 곳이 있다. 바로 조천읍 신촌의 덕인당이다. 보리빵을 처음 먹는 사람이라면 내가 어릴 때처럼 이렇게 심심한 게 왜 인기인가라고 의아해할지 모른다. 화려하지도 달지도 않고 구수하고 담백한 맛이 보리빵의 매력이다.

덕인당의 메뉴는 보리빵, 쑥빵, 팥보리빵 세 가지다. 보리빵은 담백하고, 쑥빵은 진한 쑥맛과 팥소가 어울려져 맛있다. 팥보리빵은 보리빵 안에 팥소가 듬뿍 들어 있다. 여행지를 이동하면서 출출하다면 보리빵 하나를 먹어보자. 옛 제주의 소박한 맛이 입으로 전해질 테니까.

제주를 여행하다 보면 맛 집 투어만으로도 3박 4일이 부족하다고 느낄 것이다. 그 만큼 제주는 자연에서 오는 천연 재료가 신선하여 조리법이 화려하진 않지만 맛있는 음식이 많다. 여행하면서 중간에 체력 보충을 하거나 매끼 먹는 밥으로는 부족 하다고 느낄 때 제주의 주전부리는 여행의 또 다른 매력을 선물할 것이다.

마늘통닭
중앙통닭

매일 | 07:00~21:00
　　　(첫째, 셋째 화 휴무/16:00~17:30 B/T)
위치 | 제주 서귀포시 중앙로48번길 14-1
전화 | 064-733-3521

꽁치 김밥
우정 회 센터

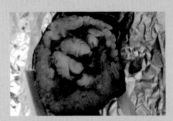

매일 | 11:00~22:00
위치 | 서귀포시 중앙로 54번길 32
전화 | 064-732-0303

오메기떡
제일떡집

매일 | 10:00~20:00
위치 | 서귀포시 중정로 73번길 15-1
전화 | 064-732-3928

오메기떡
진아떡집

매일 | 06:00~15:00
위치 | 제주 제주시 동문로4길 7-1
전화 | 064-757-0229

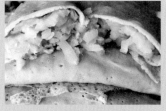

빙떡
메밀애

메밀국수 전문점이지만 빙떡을 판매한다.

매일 | 09:30-21:30
위치 | 제주 서귀포시 이어도로 769
전화 | 064-739-3787

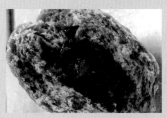

보리빵
덕인당 보리빵

매일 | 09:00-14:00
　　　둘째 주, 넷째 주 일요일 휴무
위치 | 제주 제주시 조천읍 신북로 36
전화 | 064-783-6153

"제주로 태교여행을 떠나자"

둘에서 셋이 되는

즐거운 상상을 하며 뱃속 아이 하나로

엄마 아빠도 성장하고 있음을

느낄 수 있을 것이다.

참고문헌

《임신출산육아 대백과》 삼성출판사저, 삼성출판사 2012

《초보엄마 아빠가 꼭 알아야 할 임신 출산 매뉴얼》 사라 조던 · 데이비드 우프버그저, 리스컴 2010

《송금례교수의 태교코칭》 송금례저, 물푸레 2014

《우리 아이가 생겼어요》 이재성저, 경향미디어 2013

《태교는 과학이다》 박문일 저, 프리미엄북스 2009

《태아는 천재다》 지쓰코 스세딕저, 샘터 2016

《토라태교》 이영희저, 두란노 2017

《우리집에 온 태교 선생님》 송금례저, 넥서스주니어 2012

《뇌과학이 밝혀낸 놀라운 태교이야기》 김수용저, 종이거울 2011

《리에의 임산부요가 다이어리》 아카바 리에저, 지식노마드 2017

《첫 부부태교 280일》 최혜영 감수, 효성미디어 2009

《태내기억》 시치다 마코토 · 쓰나붙이 요우지저, 한국문화사 2008

《208일 태교음식》 송금례 · 김정민 저, 물푸레 2014

《태아는 알고 있다》 토마스버니저, 샘터 2015

《태아 성장보고서》 KBS 첨단보고 뇌과학 제작팀저, 마더북스 2012

《태교신기》 사주당저, 이담북스 2014

《음식태교》 이미자 · 송재진 · 황유선저, 팝콘북스 2012

《세상의 모든 음악은 엄마가 만들었다》 김성은저, 21세기북 2014

《행복 4.0》 우문식저, 물푸레 2014

《조선왕실천재교육》 이기문 · 김진희 저, 오성출판사 2003

《총명한 아이 낳는 법》 신재용 · 배병철저, 성보사 2003

《미술놀이로 태교하기》 정대식 · 정유선 · 정유진저, RHK 2012

《행복한 아기혁명》 장은주저, 명진출판 2000

《단계별 베스트태교》 박선영 · 박지영저, 나무수 2013

《제주걷기여행》 강석균저, 넥서스BOOKS 2016

《제주뮤지엄여행》 김지연저, 더블엔 2016